박영훈 선생님의

생각하는
초등연산

◇ 당신은 언제나 옳습니다. 그대의 삶을 응원합니다. – 라의눈출판그룹

박영훈 선생님의
생각하는 초등연산 6권

초판 1쇄 | 2023년 3월 15일

지은이 | 박영훈
펴낸이 | 설응도   편집주간 | 안은주
영업책임 | 민경업   디자인 | 박성진

펴낸곳 | 라의눈

출판등록 | 2014년 1월 13일(제2019-000228호)
주소 | 서울시 강남구 테헤란로78길 14-12(대치동) 동영빌딩 4층
전화 | 02-466-1283   팩스 | 02-466-1301

문의(e-mail)   편집 | editor@eyeofra.co.kr
               영업마케팅 | marketing@eyeofra.co.kr
               경영지원 | management@eyeofra.co.kr

ISBN 979-11-92151-51-9 64410
ISBN 979-11-92151-06-9 64410(세트)

박영훈 선생님의
생각하는
초등연산

★ 박영훈 지음 ★

6권

3학년 1학기

라의눈

박영훈 선생님의
**생각하는
초등연산**

머리말

<생각하는 연산>을 지도하는 선생님과 학부모님께

**수학의 기초는 '계산'일까요, 아니면 '연산'일까요?
계산과 연산은 어떻게 다를까요?**

54+39=93

이 덧셈의 답만 구하는 것은 계산입니다. 단순화된 계산절차를 기계적으로 따르면 쉽게 답을 얻습니다.

반면 '연산'은 93이라는 답이 나오는 과정에 주목합니다. 4와 9를 더한 13에서 1과 3을 왜 각각 구별해야 하는지, 왜 올려 쓰고 내려 써야 하는지 이해하는 것입니다. 절차를 무작정 따르지 않고, 그 절차를 스스로 생각하여 만드는 것이 바로 연산입니다.

$$
\begin{array}{r}
\boxed{1} \\
5\ 4 \\
+\ 3\ 9 \\
\hline
9\ 3
\end{array}
$$

덧셈의 원리를 이렇게 이해하면 뺄셈과 곱셈으로 그리고 나눗셈까지 차례로 확장할 수 있습니다. 수학 공부의 참모습은 이런 것입니다. 형성된 개념을 토대로 새로운 개념을 하나씩 쌓아가는 것이 수학의 본질이니까요. 당연히 생각할 시간이 필요하고, 그래서 '느린 수학'입니다. 그렇게 얻은 수학의 지식과 개념은 완벽하게 내면화되어 다음 단계로 이어지거나 쉽게 응용할 수 있습니다.

$$
\begin{array}{r}
\boxed{1} \\
1\ 3 \\
\times\ \ \ 5 \\
\hline
6\ 5
\end{array}
$$

그러나 왜 그런지 모른 채 절차 외우기에만 열중했다면, 그 후에도 계속 외워야 하고 응용도 별개로 외워야 합니다. 그러다 지치거나 기억의 한계 때문에 잊어버릴 수밖에 없어 포기하는 상황에 놓이게 되겠죠.

아이가 연산문제에서 자꾸 실수를 하나요? 그래서 각 페이지마다 숫자만 빼곡히 이삼십 개의 계산 문제를 늘어놓은 문제지를 풀게 하고, 심지어 시계까지 동원해 아이들을 압박하는 것은 아닌가요? 그것은 교육(education)이 아닌 훈련(training)입니다. 빨리 정확하게 계산하는 것을 목표로 하는 숨 막히는 훈련의 결과는 다음과 같은 심각한 부작용을 가져옵니다.

첫째, 아이가 스스로 생각할 수 있는 능력을 포기하게 됩니다.

둘째, 의미도 모른 채 제시된 절차를 기계적으로 따르기만 하였기에 수학에서 가장 중요한 연결하는 사고를 할 수 없게 됩니다.

셋째. 결국 다른 사람에게 의존하는 수동적 존재로 전락합니다.

빨리 정확하게 계산하는 것보다 중요한 것은 왜 그런지 원리를 이해하는 것이고, 그것이 바로 연산입니다. 계산기는 있지만 연산기가 없는 이유를 이해하시겠죠. 계산은 기계가 할 수 있지만, 생각하고 이해해야 하는 연산은 사람만 할 수 있습니다. 그래서 연산은 수학입니다. 계산이 아닌 연산 학습은 왜 그런지에 대한 이해가 핵심이므로 굳이 외우지 않아도 헷갈리는 법이 없고 틀릴 수가 없습니다.

수학의 기초는 '계산'이 아니라 '연산'입니다

'연산'이라 쓰고 '계산'만 반복하는 지루하고 재미없는 훈련은 이제 멈추어야 합니다.
태어날 때부터 자적 호기심이 충만한 아이들은 당연히 생각하는 것을 즐거워합니다. 타고난 아이들의 생각이 계속 무럭무럭 자라날 수 있도록 『생각하는 초등연산』은 처음부터 끝까지 세심하게 설계되어 있습니다. 각각의 문제마다 아이가 '생각'할 수 있게끔 자극을 주기 위해 나름의 깊은 의도가 들어 있습니다. 아이 스스로 하나씩 원리를 깨우칠 수 있도록 문제의 구성이 정교하게 이루어졌다는 것입니다. 이를 위해서는 앞의 문제가 그 다음 문제의 단서가 되어야겠기에, 밑바탕에는 자연스럽게 인지학습심리학 이론으로 무장했습니다.

이렇게 구성된 『생각하는 초등연산』의 문제 하나를 풀이하는 것은 등산로에 놓여 있는 계단 하나를 오르는 것에 비유할 수 있습니다. 계단 하나를 오르면 스스로 다음 계단을 오를 수 있고, 그렇게 계단을 하나씩 올라설 때마다 새로운 것이 보이고 더 멀리 보이듯, 마침내는 꼭대기에 올라서면 거대한 연산의 맥락을 이해할 수 있게 됩니다. 높은 산의 정상에 올라 사칙연산의 개념을 한눈에 조망할 수 있게 되는 것이죠. 그렇게 아이 스스로 연산의 원리를 발견하고 규칙을 만들 수 있는 능력을 기르는 것이 『생각하는 초등연산』이 추구하는 교육입니다.

연산의 중요성은 아무리 강조해도 지나치지 않습니다. 연산은 이후에 펼쳐지는 수학의 맥락과 개념을 이해하는 기초이며 동시에 사고가 본질이자 핵심인 수학의 한 분야입니다. 이제 계산은 빠르고 정확해야 한다는 구시대적 고정관념에서 벗어나서, 아이가 혼자 생각하고 스스로 답을 찾아내도록 기다려 주세요. 처음엔 느린 듯하지만, 스스로 찾아낸 해답은 고등학교 수학 학습을 마무리할 때까지 흔들리지 않는 튼튼한 기반이 되어줄 겁니다. 그것이 느린 것처럼 보이지만 오히려 빠른 길임을 우리 어른들은 경험적으로 잘 알고 있습니다.

시험문제 풀이에서 빠른 계산이 필요하다는 주장은 수학에 대한 무지에서 비롯되었으니, 이에 현혹되는 선생님과 학생들이 더 이상 나오지 않았으면 하는 바람을 담아 『생각하는 초등연산』을 세상에 내놓았습니다. 인스턴트가 아닌 유기농 식품과 같다고나 할까요. 아무쪼록 산수가 아닌 수학을 배우고자 하는 아이들에게 『생각하는 초등연산』이 진정한 의미의 연산 학습 도우미가 되기를 바랍니다.

박영훈

이 책만의 특징 01

'계산' 말고 '연산'!

수학을 잘하려면 '계산' 말고 '연산'을 잘해야 합니다. 많은 사람들이 오해하는 것처럼 빨리 정확히 계산하기 위해 연산을 배우는 것이 아닙니다. 연산은 수학의 구조와 원리를 이해하는 시작점입니다. 연산 학습에도 이해력, 문제해결능력, 추론능력이 핵심요소입니다. 계산을 빨리 정확하게 하기 위한 기능의 습득은 수학이 아니고, 연산 그 자체가 수학입니다. 그래서 『생각하는 초등연산』은 '계산'이 아니라 '연산'을 가르칩니다.

이 책만의 특징 02

스스로 원리를 발견하고, 개념을 확장하는 연산

다른 계산학습서와 다르지 않게 보인다고요? 제시된 절차를 외워 생각하지 않고 기계적으로 반복하여 빠른 답을 구하도록 강요하는 계산학습서와는 비교할 수 없습니다.

이 책으로 공부할 땐 절대로 문제 순서를 바꾸면 안 됩니다. 생각의 흐름에는 순서가 있고, 이 책의 문제 배열은 그 흐름에 맞추었기 때문이죠. 문제마다 깊은 의도가 숨어 있고, 앞의 문제는 다음 문제의 단서이기도 합니다. 순서대로 문제풀이를 하다보면 스스로 원리를 깨우쳐 자연스럽게 이해하고 개념을 확장할 수 있습니다. 인지학습심리학은 그래서 필요합니다. 1번부터 차례로 차근차근 풀게 해주세요.

게임처럼 재미있는 연산

게임도 결국 문제를 해결하는 것입니다. 시간 가는 줄 모르고 게임에 몰두하는 것은 재미있기 때문이죠. 왜 재미있을까요? 화면에 펼쳐진 게임 장면을 자신이 스스로 해결할 수 있다고 여겨 도전하고 성취감을 맛보기 때문입니다. 타고난 지적 호기심을 충족시킬 만큼 생각하게 만드는 것이죠. 그렇게 아이는 원래 생각할 수 있고 능동적으로 문제 해결을 좋아하는 지적인 존재입니다.

아이들이 연산공부를 하기 싫어하나요? 그것은 아이들 잘못이 아닙니다. 빠른 속도로 정확한 답을 위해 기계적인 반복을 강요하는 계산연습이 지루하고 재미없는 것은 당연합니다. 인지심리학을 토대로 구성한『생각하는 초등연산』의 문제들은 게임과 같습니다. 한 문제 안에서도 조금씩 다른 변화를 넣어 호기심을 자극하고 생각하도록 하였습니다. 게임처럼 스스로 발견하는 재미를 만끽할 수 있는 연산 교육 프로그램입니다.

교사와 학부모를 위한 '교사용 해설'

이 문제를 통해 무엇을 가르치려 할까요? 문제와 문제 사이에는 어떤 연관이 있을까요? 아이는 이 문제를 해결하며 어떤 생각을 할까요? 교사와 학부모는 이 문제에서 어떤 것을 강조하고 아이의 어떤 반응을 기대할까요?

이 모든 질문에 대한 전문가의 답이 각 챕터별로 '교사용 해설'에 들어 있습니다. 또한 각 문제의 하단에 문제의 출제 의도와 교수법을 담았습니다. 수학전공자가 아닌 학부모 혹은 교사가 전문가처럼 아이를 지도할 수 있는 친절하고도 흥미진진한 안내서 역할을 해줄 것입니다.

선생님을 가르치는 선생님, 박영훈!

이 책을 집필한 박영훈 선생님은 2만 명의 초등교사를 가르친 '선생님의 선생님'입니다. 180만 부라는 경이로운 판매를 기록한 베스트셀러『기적의 유아수학』의 저자이기도 합니다. 이 책은, 잘못된 연산 공부가 수학을 재미없는 학문으로 인식하게 하고 마침내 수포자를 만드는 현실에서, 연산의 참모습을 보여주고 진정한 의미의 연산학습 도우미가 되기를 바라는 마음으로, 12년간 현장의 선생님들과 함께 양팔을 걷어붙이고 심혈을 기울여 집필한 책입니다.

박영훈 선생님의
생각하는 초등연산

차 례

머리말 ·· 4

이 책만의 특징과 구성 ························ 6

박영훈의 생각하는 연산이란? ·············· 10

개념 MAP ··································· 11

1 나눗셈 기초

1 일차 | 나눗셈 기호 '÷' ··················· 14

2 일차 | 곱셈에서 나눗셈으로 (1) ········· 22

3 일차 | 곱셈에서 나눗셈으로 (2) ········· 30

4 일차 | 곱셈과 나눗셈의 관계 ············· 35

　　　　교사용 해설 ························ 41

5 일차 | 나눗셈의 몫 (1) ·················· 44

6 일차 | 나눗셈의 몫 (2) ·················· 50

7 일차 | 나누는 수 ······················· 56

8 일차 | 나누어지는 수 ··················· 60

　　　　교사용 해설 ························ 66

9 일차 | 나머지 (1) ······················ 68

10 일차 | 나머지 (2) ····················· 73

11 일차 | **나눗셈을 곱셈으로 (1)** ⋯⋯⋯⋯⋯⋯⋯⋯⋯ 78

12 일차 | **나눗셈을 곱셈으로 (2)** ⋯⋯⋯⋯⋯⋯⋯⋯⋯ 82

13 일차 | **나눗셈을 곱셈으로 (3)** ⋯⋯⋯⋯⋯⋯⋯⋯⋯ 86

　　　　교사용 해설 ⋯⋯⋯⋯⋯⋯⋯⋯⋯⋯⋯⋯⋯⋯⋯ 91

2

두 자리 수의 **곱셈**

1 일차 | **(십 몇)×(몇) (1)** ⋯⋯⋯⋯⋯⋯⋯⋯⋯⋯⋯⋯ 94

2 일차 | **(십 몇)×(몇) (2)** ⋯⋯⋯⋯⋯⋯⋯⋯⋯⋯⋯ 101

3 일차 | **(십 몇)×(몇) (3)** ⋯⋯⋯⋯⋯⋯⋯⋯⋯⋯⋯ 108

4 일차 | **(몇)×(십 몇) (1)** ⋯⋯⋯⋯⋯⋯⋯⋯⋯⋯⋯ 111

5 일차 | **(몇)×(십 몇) (2)** ⋯⋯⋯⋯⋯⋯⋯⋯⋯⋯⋯ 118

6 일차 | **(몇)×(십 몇) (3)** ⋯⋯⋯⋯⋯⋯⋯⋯⋯⋯⋯ 126

　　　　교사용 해설 ⋯⋯⋯⋯⋯⋯⋯⋯⋯⋯⋯⋯⋯⋯ 129

7 일차 | **(몇십)×(몇)** ⋯⋯⋯⋯⋯⋯⋯⋯⋯⋯⋯⋯⋯⋯ 132

8 일차 | **(몇십 몇)×(몇) (1)** ⋯⋯⋯⋯⋯⋯⋯⋯⋯⋯ 137

9 일차 | **(몇십 몇)×(몇) (2)** ⋯⋯⋯⋯⋯⋯⋯⋯⋯⋯ 142

10 일차 | **(몇십 몇)×(몇) (3)** ⋯⋯⋯⋯⋯⋯⋯⋯⋯ 145

11 일차 | **(몇)×(몇십 몇) (1)** ⋯⋯⋯⋯⋯⋯⋯⋯⋯⋯ 149

12 일차 | **(몇)×(몇십 몇) (2)** ⋯⋯⋯⋯⋯⋯⋯⋯⋯⋯ 154

13 일차 | **(몇십 몇)×(몇), (몇)×(몇십 몇)** ⋯⋯⋯ 157

14 일차 | **여러 가지 곱셈 문제** ⋯⋯⋯⋯⋯⋯⋯⋯⋯ 161

　　　　교사용 해설 ⋯⋯⋯⋯⋯⋯⋯⋯⋯⋯⋯⋯⋯⋯ 165

　　　　정답 ⋯⋯⋯⋯⋯⋯⋯⋯⋯⋯⋯⋯⋯⋯⋯⋯⋯⋯⋯ 167

박영훈 선생님의
생각하는 초등연산

박영훈의 생각하는 연산이란?

✕ 계산 문제집과 『박영훈의 생각하는 연산』의 차이

수학 vs. 산수	기존 계산 문제집	박영훈의 생각하는 연산
수학 vs. 산수	수학이 없다. 계산 기능만 있다.	연산도 수학이다. 생각해야 한다.
교육 vs. 훈련	교육이 없다. 훈련만 있다.	연산은 훈련이 아닌 교육이다.
교육원리 vs, 맹목적 반복	교육원리가 없다. 기계적인 반복 연습만 있다.	교육적 원리에 따라 사고를 자극하는 활동이 제시되어 있다.
사람 vs. 기계	사람이 없다. 싸구려 계산기로 만든다.	우리 아이는 생각할 수 있는 지적인 존재다.
한국인 필자 vs. 일본 계산문제집 모방	필자가 없다. 옛날 일본에서 수입된 학습지 형태 그대로이다.	수학교육 전문가와 초등교사들의 연구모임에서 집필했다.

➕ 계산문제집의 역사 ➗

초등학교에서 계산이 중시되었던 유래는 백여 년 전 일제 강점기로 거슬러 올라갑니다. 당시 일제의 교육목표는, 국민학교(당시 초등학교)를 졸업하자마자 상점이나 공장에서 취업할 수 있도록 간단한 계산능력을 기르는 것이었습니다. 이후 보통교육이 중등학교까지 확대되지만, 경쟁률이 높아지면서 시험을 위한 계산 기능이 강조될 수밖에 없었습니다. 이에 발맞추어 구문과 같은 일본의 계산 문제집들이 수입되었고, 우리 아이들은 무한히 반복되는 기계적인 계산 훈련을 지금까지 강요당하게 된 것입니다. 빠르고 정확한 '계산'과 '수학'이 무관함에도 어른들의 무지로 인해 21세기인 지금도 계속되는 안타까운 현실이 아닐 수 없습니다.

이제는 이런 악습에서 벗어나 OECD 회원국의 자녀로 태어난 우리 아이들에게 계산 기능의 훈련이 아닌 수학으로서의 연산 교육을 제공해야 하지 않을까요?

박영훈 선생님의
생각하는 초등연산
개념 MAP

수 세기
- 5까지의 수 세기
- 9까지의 수 세기
- 10 이상의 수 세기

유치원

덧셈기호와 뺄셈기호의 도입
『생각하는 초등연산』 1권

수 세기에 의한 덧셈과 뺄셈
받아올림과 받아내림을 수 세기로 도입
『생각하는 초등연산』 2권

두 자리 수의 덧셈과 뺄셈 1
세로셈 도입
『생각하는 초등연산』 2권

두 자리 수의 덧셈과 뺄셈 2
받아올림과 받아내림을 세로셈으로 도입
『생각하는 초등연산』 3권

세 자리 수의 덧셈과 뺄셈 (덧셈과 뺄셈의 완성)
『생각하는 초등연산』 5권

두 자리수 곱셈의 완성
『생각하는 초등연산』 7권

두 자리수의 곱셈
분배법칙의 적용
『생각하는 초등연산』 6권

곱셈구구의 완성
동수누가에 의한 덧셈의 확장으로 곱셈 도입
『생각하는 초등연산』 4권

곱셈기호의 도입
동수누가에 의한 덧셈의 확장으로 곱셈 도입
『생각하는 초등연산』 4권

몫이 두 자리 수인 나눗셈
『생각하는 초등연산』 7권

나머지가 있는 나눗셈
『생각하는 초등연산』 6권

나눗셈기호의 도입
곱셈구구에서 곱셈의 역에 의한 나눗셈 도입
『생각하는 초등연산』 6권

곱셈과 나눗셈의 완성
『생각하는 초등연산』 8권

사칙연산의 완성
혼합계산
『생각하는 초등연산』 8권

나눗셈
기초

1 일차 | **나눗셈 기호 '÷'**

2 일차 | **곱셈에서 나눗셈으로 (1)**

3 일차 | **곱셈에서 나눗셈으로 (2)**

4 일차 | **곱셈과 나눗셈의 관계**

5 일차 | **나눗셈의 몫 (1)**

6 일차 | **나눗셈의 몫 (2)**

7 일차 | **나누는 수**

8 일차 | **나누어지는 수**

9 일차 | **나머지 (1)**

10 일차 | **나머지 (2)**

11 일차 | **나눗셈을 곱셈으로 (1)**

12 일차 | **나눗셈을 곱셈으로 (2)**

13 일차 | **나눗셈을 곱셈으로 (3)**

나눗셈 기호 '÷'

✏ 공부한 날짜   월   일

문제 1 | 보기와 같이 덧셈식과 곱셈식을 만드시오.

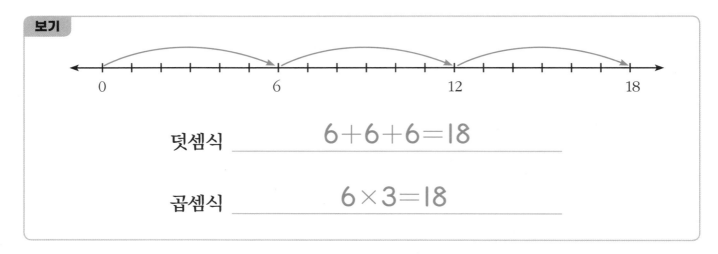

보기

덧셈식 ___6+6+6=18___

곱셈식 ___6×3=18___

(1)

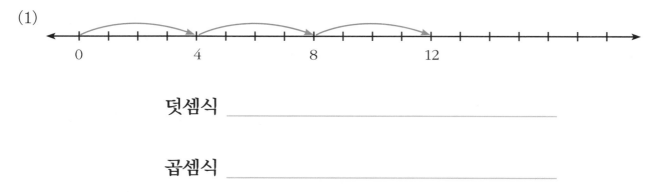

덧셈식 _____

곱셈식 _____

(2)

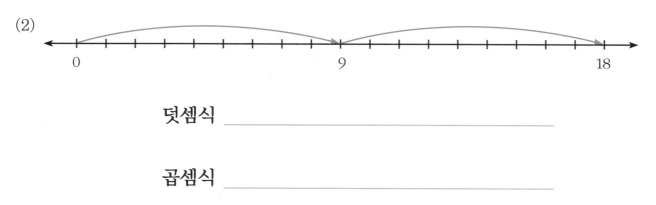

덧셈식 _____

곱셈식 _____

문제 1 같은 수를 거듭 더하는 동수누가라는 곱셈의 기본 원리를 다시 확인한다. 이는 나눗셈이라는 새로운 연산 기호를 곱셈의 역으로 도입하기 위한 준비단계다.

(3)

덧셈식 _____

곱셈식 _____

(4)

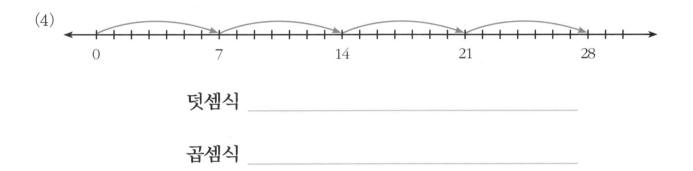

덧셈식 _____

곱셈식 _____

문제 2 | 보기와 같이 덧셈과 곱셈을 뺄셈과 나눗셈으로 나타내시오.

보기

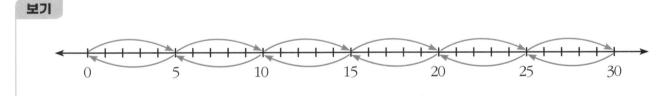

덧셈식 $5+5+5+5+5+5=30$

곱셈식 $5 \times 6 = 30$

뺄셈식 $30-5-5-5-5-5-5=0$

나눗셈식 $30 \div 5 = 6$

같은 수를 거듭 더하면 곱셈!
같은 수를 거듭 빼면 나눗셈!

 **선생님만 보세요**

문제 2 덧셈에서 곱셈을 도입하였듯이, 뺄셈에서 나눗셈을 도입한다. 즉, 같은 수를 거듭 빼는 동수누감에 의한 나눗셈 기호의 도입이다. **주의** 30에서 5를 6번 뺀 동수누감을 나타낸 나눗셈은 30÷6으로 표기하지 않도록 주의한다.

(1)

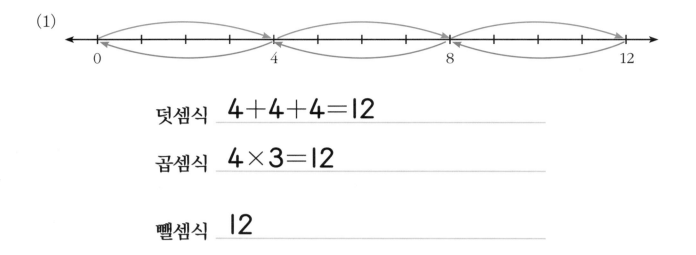

덧셈식 $4+4+4=12$

곱셈식 $4\times3=12$

뺄셈식 12

나눗셈식 12

(2)

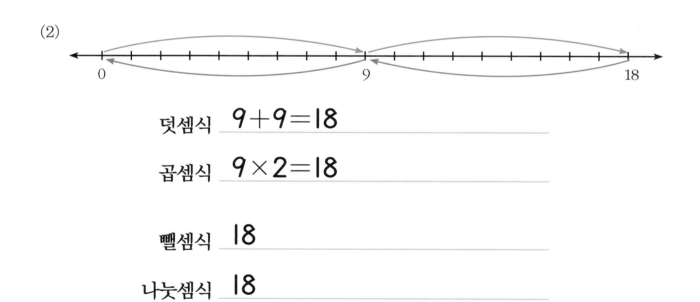

덧셈식 $9+9=18$

곱셈식 $9\times2=18$

뺄셈식 18

나눗셈식 18

(3)

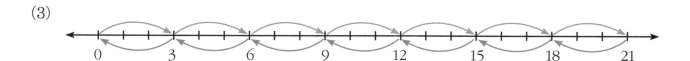

덧셈식 $3+3+3+3+3+3+3=21$

곱셈식 $3×7=21$

뺄셈식 21

나눗셈식 21

(4)

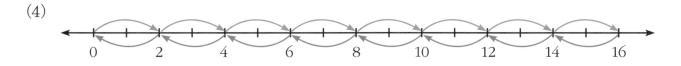

덧셈식 $2+2+2+2+2+2+2+2=16$

곱셈식 $2×8=16$

뺄셈식 16

나눗셈식 16

(5)

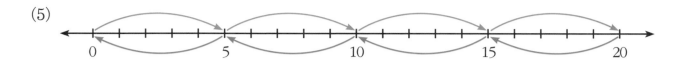

덧셈식 $5+5+5+5=20$

곱셈식 $5 \times 4 = 20$

뺄셈식 20

나눗셈식 20

(6)

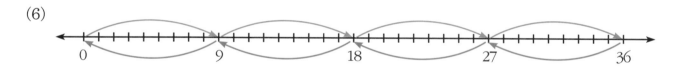

덧셈식 $9+9+9+9=36$

곱셈식 $9 \times 4 = 36$

뺄셈식 36

나눗셈식 36

문제 3 | 보기와 같이 ☐ 안에 알맞은 수를 넣고 나눗셈으로 나타내시오.

보기

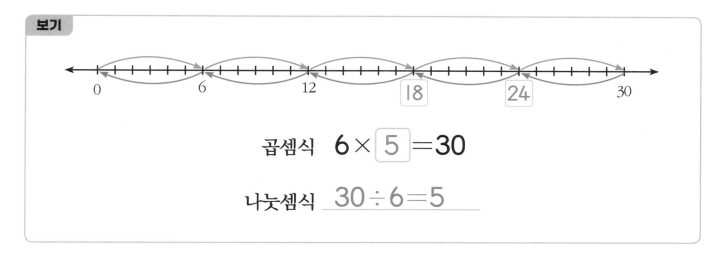

곱셈식 6 × ☐5☐ =30

나눗셈식 30÷6=5

(1)

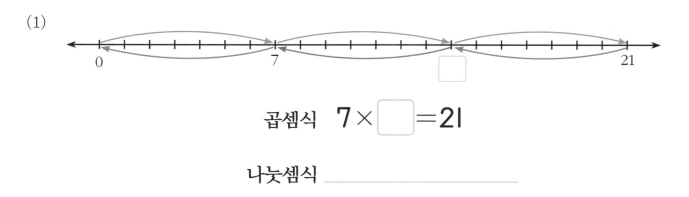

곱셈식 7 × ☐ =2l

나눗셈식 _____

(2)

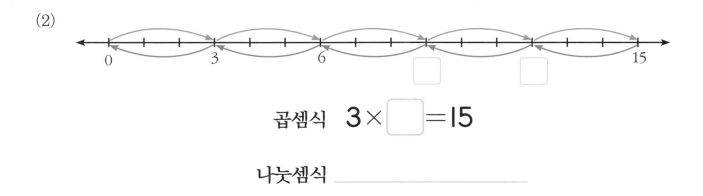

곱셈식 3 × ☐ =l5

나눗셈식 _____

선생님만 보세요 **문제 3** 곱셈의 역에 의해 답을 구하는 실제 나눗셈을 실행한다. 예를 들어 보기와 같은 나눗셈 30÷6=☐는 곱셈 6×☐=30에 의해 답을 구하는 활동이다. 곱셈구구만 알면 답할 수 있다. **주의** 보기에서 나누는수(제수)가 6이라는 것에 주목해야 한다. 문제에서도 나뉘어지는수(피제수)와 나누는수(제수)가 무엇인지를 먼저 구별하는 것이 중요하다.

(3)

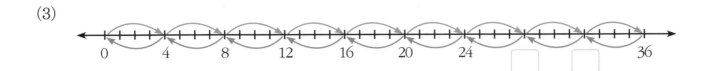

곱셈식 $4 \times \boxed{} = 36$

나눗셈식 _____

(4)

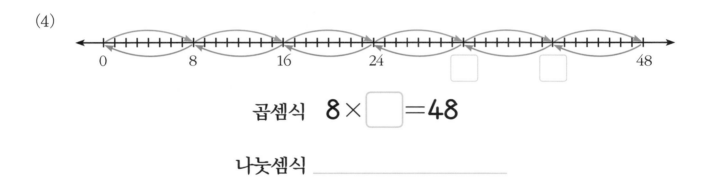

곱셈식 $8 \times \boxed{} = 48$

나눗셈식 _____

(5)

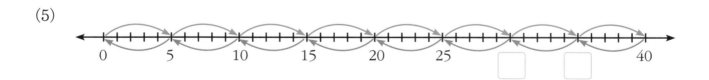

곱셈식 _____

나눗셈식 _____

(6)

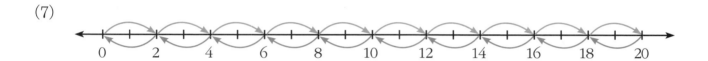

곱셈식 _____

나눗셈식 _____

(7)

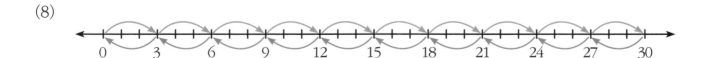

곱셈식 _____

나눗셈식 _____

(8)

곱셈식 _____

나눗셈식 _____

곱셈에서 나눗셈으로 (1)

✏️ 공부한 날짜   월   일

문제 1 | ☐ 안에 알맞은 수를 넣고 나눗셈으로 나타내시오.

(1)

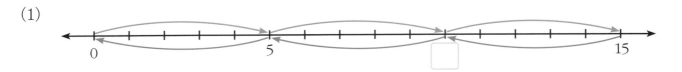

곱셈식 $5 \times \boxed{} = 15$

나눗셈식 _____

(2)

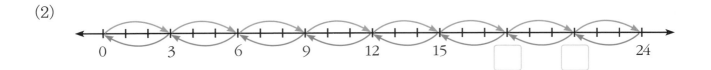

곱셈식 $3 \times \boxed{} = 24$

나눗셈식 _____

(2)

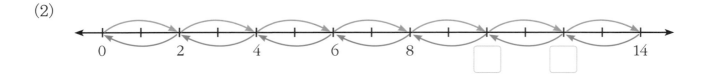

곱셈식 $2 \times \boxed{} = 14$

나눗셈식 _____

문제 1 곱셈의 역에 의한 나눗셈 기호 도입의 복습이다.

문제 2 | 똑같은 길이로 자르면 몇 개의 조각을 만들 수 있나요? 보기와 같이 곱셈과 나눗셈으로 나타내시오.

보기

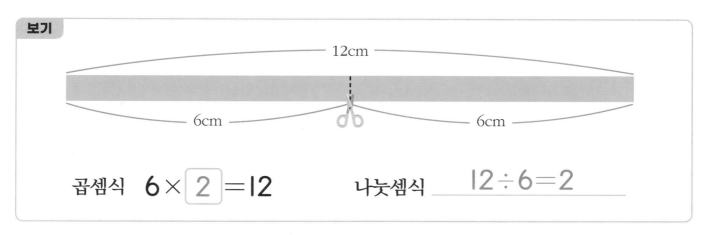

곱셈식 $6 \times \boxed{2} = 12$ 나눗셈식 $12 \div 6 = 2$

(1)

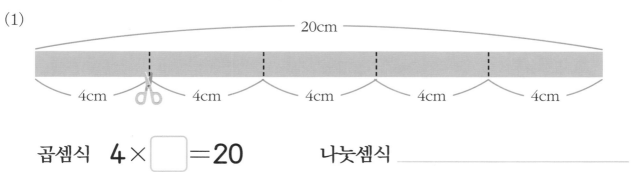

곱셈식 $4 \times \boxed{} = 20$ 나눗셈식 _____

(2)

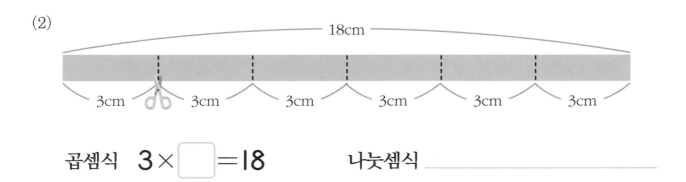

곱셈식 $3 \times \boxed{} = 18$ 나눗셈식 _____

(3)

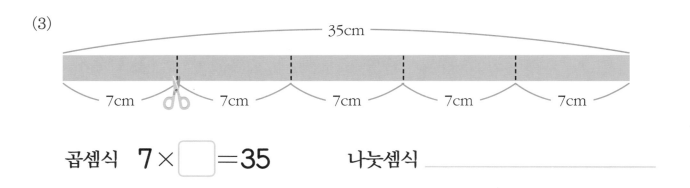

곱셈식 $7 \times \boxed{} = 35$ 나눗셈식 _____

(4)

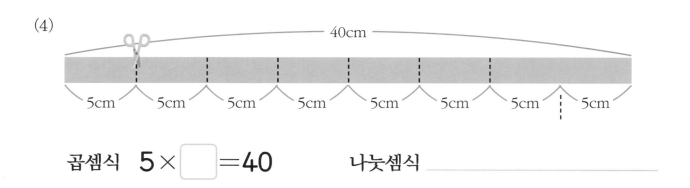

곱셈식 $5 \times \boxed{} = 40$ 나눗셈식 _____

문제 3 | 보기와 같이 묶음 표시를 하고 ☐ 안에 알맞은 수를 넣으시오. 그리고 이를 나눗셈식으로 나타내어 답을 구하시오.

> **보기**
>
> 사탕 10개를 2개씩 묶으면 몇 묶음이 되나요?
>
> 곱셈식 : $2 \times \boxed{5} = 10$
>
> 나눗셈식 : $\underline{10 \div 2 = 5}$ $\underline{5}$ 묶음

 **선생님만 보세요**   **문제 3** 곱셈의 역에 의한 나눗셈 기호 도입의 복습이다. 앞 문제가 연결된 테이프 길이를 같은 길이로 잘랐다면, 이 문제는 같은 개수로 반복하여 묶는 상황이다. 이를 나눗셈으로 표현하고 그 답은 곱셈에서 구한다. **주의** 이 문제에서 나눗셈 결과는 묶음 수이다. 즉, 앞의 문제와 같이 나눗셈 결과는 묶음 수를 나타낸다. 보기와 같이 실제로 묶으면서 묶음 수를 확인하는 것이 문제의 핵심이다.

(1) 테니스공 10개를 5개씩 묶으면 몇 묶음이 되나요?

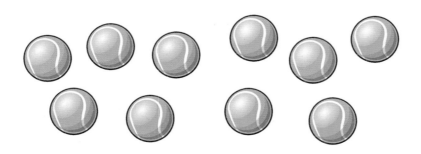

곱셈식 : $5 \times \boxed{} = 10$

나눗셈식 : _____ _____ 묶음

(2) 지우개 12개를 4개씩 묶으면 몇 묶음이 되나요?

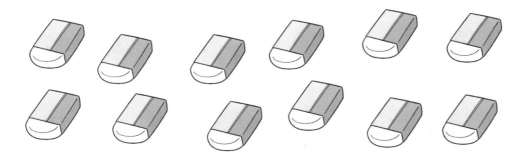

곱셈식 : $4 \times \boxed{} = 12$

나눗셈식 : _____ _____ 묶음

(3) 사과 20개를 5개씩 묶으면 몇 묶음이 되나요?

곱셈식 : 5 × ☐ = 20

나눗셈식 : _____ _____ 묶음

(4) 무당벌레 18마리를 6마리씩 묶으면 몇 묶음이 되나요?

곱셈식 : 6 × ☐ = 18

나눗셈식 : _____ _____ 묶음

(5) 야구공 21개를 3개씩 묶으면 몇 묶음이 되나요?

곱셈식 : $3 \times \boxed{} = 21$

나눗셈식 : _____ _____ 묶음

(6) 조개껍질 30개를 6개씩 묶으면 몇 묶음이 되나요?

곱셈식 : $6 \times \boxed{} = 30$

나눗셈식 : _____ _____ 묶음

(7) 구슬 32개를 4개씩 묶으면 몇 묶음이 되나요?

곱셈식 : $4 \times \boxed{} = 32$

나눗셈식 : _____ _____ 묶음

문제 4 | 보기와 같이 □ 안에 알맞은 수를 넣어 곱셈식을 완성하고, 이를 나눗셈식으로 나타내어 답을 구하시오.

보기

18개의 구슬을 3개씩 똑같이 묶으면 몇 묶음이 되나요?

곱셈식 : $3 \times \boxed{6} = 18$

나눗셈식 : $\underline{18 \div 3 = 6}$ $\underline{6}$ 묶음

(1) 42개의 사과를 6개씩 똑같이 묶으면 몇 묶음이 되나요?

곱셈식 : $6 \times \boxed{} = 42$

나눗셈식 : _____ _____ 묶음

 선생님만 보세요

문제 4 문제 3과 같은 문제이지만 문장으로 제시되었다. 문장을 읽으며 앞의 문제 상황을 떠올려야 한다. 각 문제마다 상황이 다르기 때문에 나눗셈 결과의 단위가 다르지만, 결국 동일하게 횟수라는 사실을 파악하는 것이 핵심이다.

⑵ 56개의 감을 7개씩 똑같이 묶으면 몇 묶음이 되나요?

곱셈식 : $7 \times \boxed{} = 56$

나눗셈식 : _____ _____ 묶음

⑶ 48개의 초콜릿을 8개씩 똑같이 나눠주면 몇 명에게 나눠줄 수 있나요?

곱셈식 : _____

나눗셈식 : _____ _____ 명

같은 수를 0이 될 때까지
거듭 빼면 나눗셈!

⑷ 40개의 달걀을 5개씩 매일 똑같이 먹으면 며칠 만에 다 먹을 수 있나요?

곱셈식 : _____

나눗셈식 : _____ _____ 일

⑸ 81개의 연필을 9개씩 똑같이 상자에 나눠 담으면 몇 개의 상자에 담을 수 있나요?

곱셈식 : _____

나눗셈식 : _____ _____ 상자

곱셈에서 나눗셈으로 (2)

✎ 공부한 날짜　　월　　일

문제 1 | 다음 물음을 □가 있는 곱셈식으로 나타내고, 이를 다시 나눗셈식으로 나타내어 답을 구하시오.

(1) 14개의 달걀을 7개씩 묶으면 몇 묶음이 되나요?

　　　　곱셈식 : _____

　　　　나눗셈식 : _____　　_____ 묶음

(2) 20개의 연필을 4개씩 똑같이 나눠주면 몇 명에게 나눠줄 수 있나요?

　　　　곱셈식 : _____

　　　　나눗셈식 : _____　　_____ 묶음

문제 2 | 보기와 같이 나눗셈식을 완성하시오.

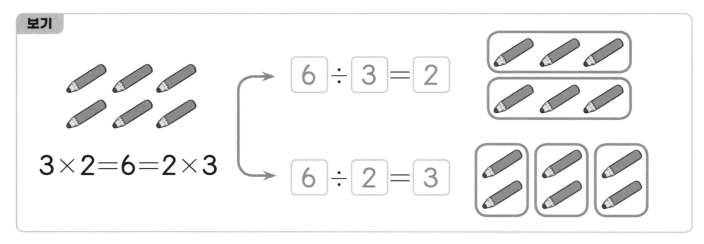

 **문제 1** 나눗셈을 곱셈의 역으로 이해하는 이전 활동의 복습이다.

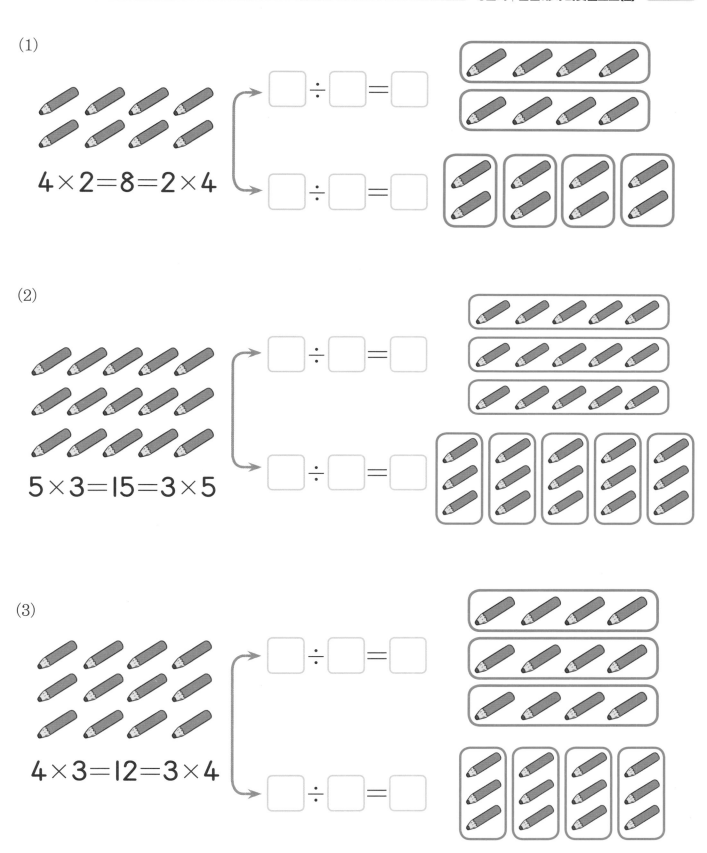

(1)

$4 \times 2 = 8 = 2 \times 4$

$\square \div \square = \square$

$\square \div \square = \square$

(2)

$5 \times 3 = 15 = 3 \times 5$

$\square \div \square = \square$

$\square \div \square = \square$

(3)

$4 \times 3 = 12 = 3 \times 4$

$\square \div \square = \square$

$\square \div \square = \square$

 **문제 2** 주어진 곱셈을 두 개의 나눗셈으로 바꾸며 나눗셈이 곱셈의 역임을 재확인한다. 이때 나누는 수가 한 묶음의 개수임을 그림에서 확인하고 나눗셈 결과가 묶음 수임을 파악한다. (6)번부터는 제곱수의 나눗셈이다. **주의** 나눗셈으로 나타낼 때, 피제수와 제수의 위치가 다르지 않아야 한다. 보기의 두 나눗셈에서 제수 3과 2는 각각 그림에 나타난 한 묶음에 들어 있는 개수와 일치해야 한다.

31

(4)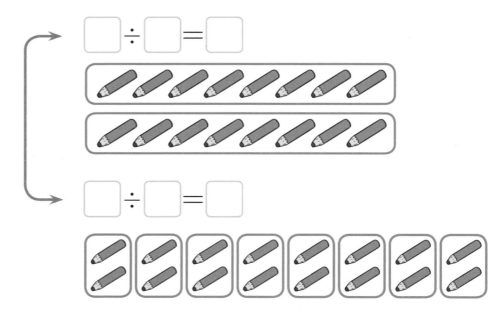

$8 \times 2 = 16 = 2 \times 8$

$\boxed{} \div \boxed{} = \boxed{}$

$\boxed{} \div \boxed{} = \boxed{}$

(5)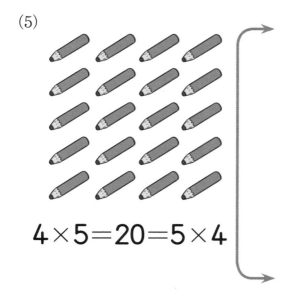

$4 \times 5 = 20 = 5 \times 4$

$\boxed{} \div \boxed{} = \boxed{}$

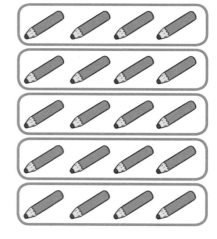

$\boxed{} \div \boxed{} = \boxed{}$

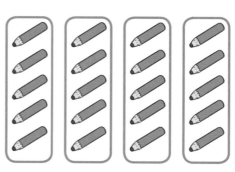

(6)

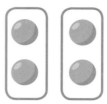

$2 \times \boxed{} = 4$ $\longrightarrow$ $\boxed{} \div \boxed{} = \boxed{}$

(7)

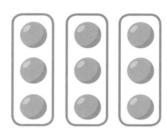

$3 \times \boxed{} = 9$ $\longrightarrow$ $\boxed{} \div \boxed{} = \boxed{}$

(8)

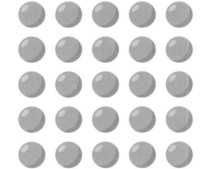

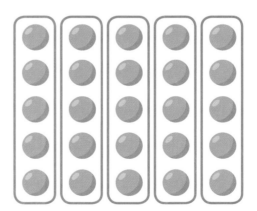

$5 \times \boxed{} = 25$ $\longrightarrow$ $\boxed{} \div \boxed{} = \boxed{}$

(9)

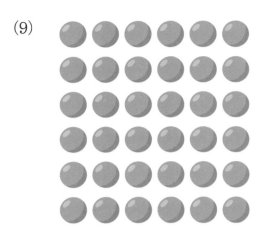 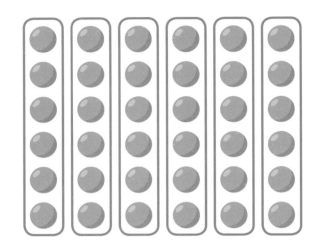

$6 \times \boxed{} = 36$ $\longrightarrow$ $\boxed{} \div \boxed{} = \boxed{}$

(10)

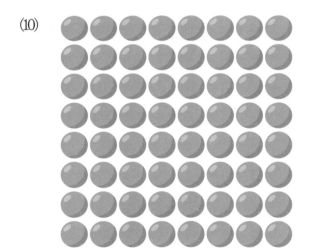 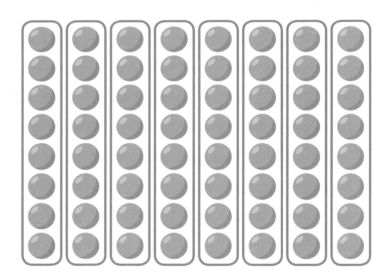

$8 \times \boxed{} = 64$ $\longrightarrow$ $\boxed{} \div \boxed{} = \boxed{}$

곱셈과 나눗셈의 관계

✏️ 공부한 날짜   월   일

문제 1 | 나눗셈을 완성하시오.

(1)

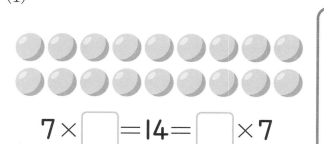

$$7 \times \boxed{} = 14 = \boxed{} \times 7$$

$$\boxed{} \div \boxed{} = \boxed{}$$

$$\boxed{} \div \boxed{} = \boxed{}$$

(2)

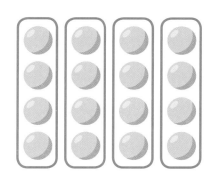

$$4 \times \boxed{} = 16 = \boxed{} \times 4 \longrightarrow \boxed{} \div \boxed{} = \boxed{}$$

**문제 1** 주어진 곱셈을 두 개의 나눗셈으로 바꾸며 나눗셈이 곱셈의 역임을 재확인하는 앞 차시 활동의 복습이다.

문제 2 | 보기와 같이 빈칸에 알맞은 수를 쓰시오.

보기

$$4 \times 2 = 8$$
$$2 \times 4 = 8$$
$$8 \div 2 = 4$$
$$8 \div 4 = 2$$

(1)

$$9 \times 8 = 72$$
$$8 \times \quad = 72$$
$$72 \div 8 =$$
$$72 \div 9 =$$

(2)

$$7 \times 2 = 14$$
$$2 \times \quad = 14$$
$$14 \div 2 =$$
$$14 \div 7 =$$

(3)

$$4 \times 9 = 36$$
$$9 \times \quad = 36$$
$$36 \div 9 =$$
$$36 \div 4 =$$

(4)

$$8 \times 3 = 24$$
$$3 \times \quad = 24$$
$$24 \div 3 =$$
$$24 \div 8 =$$

(5)

$$6 \times 7 = 36$$
$$7 \times \quad = 42$$
$$42 \div 7 =$$
$$42 \div 6 =$$

 **선생님만 보세요** **문제 2** 곱셈과 나눗셈이 서로 역의 관계임을 확인하는 활동이다. 잉크가 번져 있는 형태로 제시된 4개의 곱셈식과 나눗셈식을 완성하며 역의 관계임을 확인한다. 곱셈구구만 알면 답을 할 수 있지만, 문제의 핵심은 두 연산의 관계에 대한 이해다.

(6)

$4 \times = 16$

$16 \div 4 =$

(7)

$5 \times = 25$

$25 \div 5 =$

(8)

$7 \times = 49$

$49 \div 7 =$

(9)

$8 \times = 64$

$64 \div 8 =$

문제 3 | 보기와 같이 나눗셈을 하시오.

보기

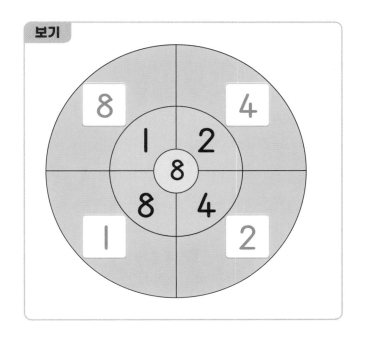

(1)

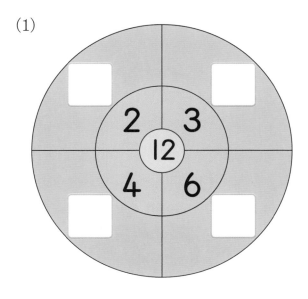

 **선생님만 보세요** **문제 3** 문제는 나눗셈으로 제시되어 있지만, 곱셈에 의해 답을 구할 수도 있다. 이는 곱셈과 나눗셈의 관계를 파악하고 있음을 반영한 풀이이기 때문이다.

(2)

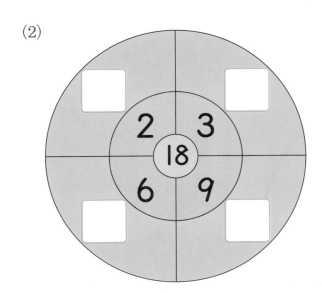

(3)

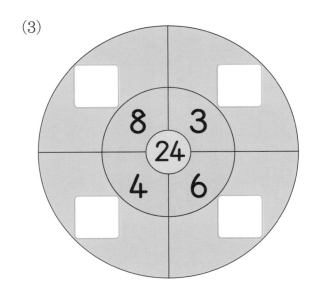

문제 4 | 나눗셈을 하시오.

(1) $12 \div 3 =$

(2) $15 \div 3 =$

(3) $18 \div 2 =$

(4) $36 \div 4 =$

(5) $25 \div 5 =$

(6) $45 \div 9 =$

(7) $42 \div 6 =$

(8) $56 \div 7 =$

(9) $64 \div 8 =$

(10) $81 \div 9 =$

 선생님만 보세요   **문제 4** 본격적인 나눗셈 문제다. 곱셈구구의 역으로 답을 구한다.

문제 5 | 보기와 같이 □ 안에 들어가는 수가 노란 원 안에 있는 수와 같은 것을 찾아 동그라미표를 하시오.

보기

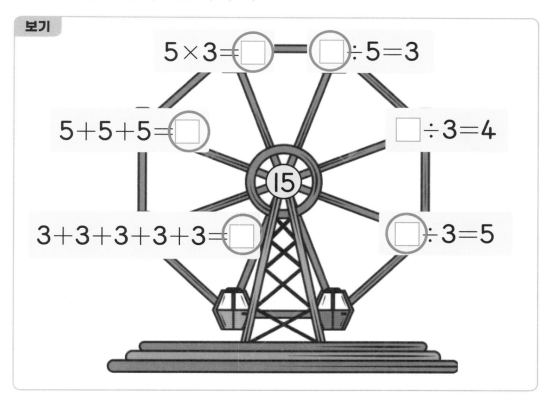

(1)

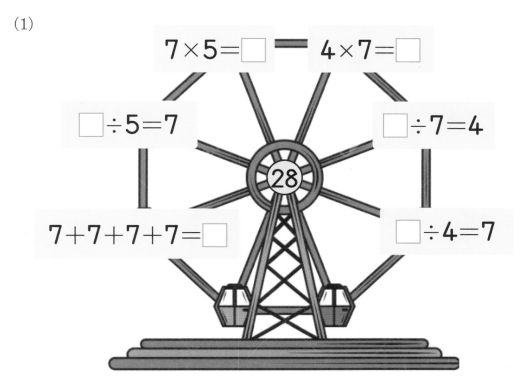

문제 5 나눗셈뿐만 아니라 덧셈과 곱셈이 함께 제시되어 있다. 동수누가에 의한 곱셈과 나눗셈을 연계하는 문제다.

(2)

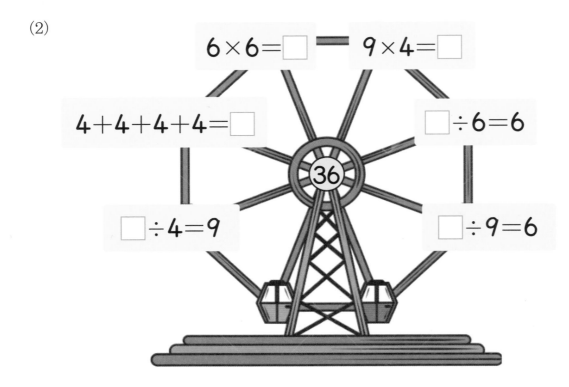

$6 \times 6 = \square$ ━━ $9 \times 4 = \square$

$4+4+4+4 = \square$

$\square \div 6 = 6$

36

$\square \div 4 = 9$

$\square \div 9 = 6$

(3)

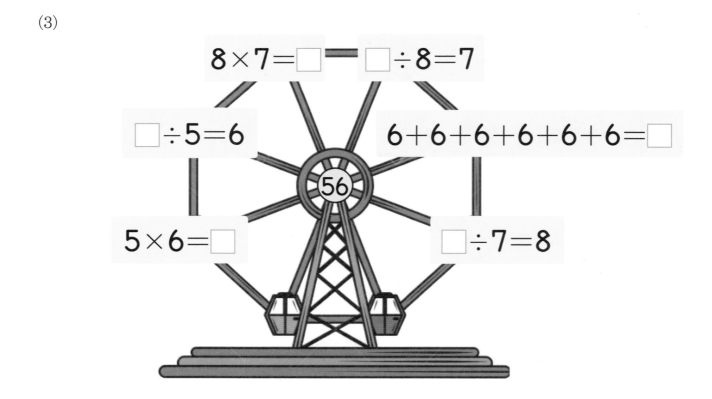

$8 \times 7 = \square$ ━━ $\square \div 8 = 7$

$\square \div 5 = 6$

$6+6+6+6+6+6 = \square$

56

$5 \times 6 = \square$

$\square \div 7 = 8$

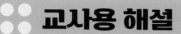
나눗셈은 곱셈의 역이다!

아이들은 '사칙연산의 마지막 연산'인 나눗셈을 배울 때 특히 어려움을 겪는다고 한다. 현장 교사들조차 원래 나눗셈은 어려운 것이라고 간주하는 경향이 있다. 과연 그럴까? 아이들의 사고과정을 고려하지 않은 채 나눗셈을 도입하기 때문은 아닐까?

이런 의문을 제기하는 이유는 수학적 관점에서 볼 때 나눗셈은 의외로 단순하기 때문이다. 사실 곱셈구구만 할 수 있다면 누구든지 나눗셈을 할 수 있다.

예를 들어 나눗셈 $6 \div 3 = \square$의 답을 어떻게 구하는지 잠시 생각해보자. 나눗셈으로 나타나 있지만 실제로는 곱셈에 의해 나눗셈의 답을 얻는 자신을 발견하게 될 것이다. 즉, "6을 3으로 나누면 얼마($\square$)인가?"라는 나눗셈을 푸는 것이 아니라 사실상 "'3에 얼마($\square$)' 또는 '얼마($\square$)에 3'을 곱하면 6이 되는가?"라는 곱셈 문제를 푸는 것이다. 그 이유는 수학에서 나눗셈은 '곱셈의 역'이기 때문이다.

한 자리 수의 나눗셈만 그런 것은 아니다. 예를 들어 나눗셈 $204 \div 7$의 답을 얻는 과정에서도 이를 확인할 수 있다.

먼저 7에 얼마를 곱하면 20에 근사하는지를 알아보기 위해 곱셈 $7 \times \square$에 의해 $\square$ 안의 수 2를 얻는다.(물론 이때 실제 몫의 값은 20이다.)

그리고 204에서 140($= 2 \times 70$)을 뺀 나머지 64에서 다시 $64 \div 7 = \square$의 답을 구하는데, 이때도 실제로는 나눗셈이 아닌 곱셈 $7 \times \square = 63$을 실행하여 몫 9와 나머지 1을 얻는다.

그러므로 나눗셈 $204 \div 7$도 사실상 곱셈에 의해 몫과 나머지를 구한다는 사실을 알 수 있다. 그렇다면 처음 나눗셈을 도입할 때 아이들에게 가장 먼저 무엇부터 가르쳐야 하는지 분명하게 드러난다. 즉, 이미 배워서 알고 있는 곱셈과 관련하여 나눗셈 기호를 도입해야 하는 것이다.

$$
\begin{array}{r}
\boxed{2}\,\boxed{9} \\
7\,)\,\overline{2\ 0\ 4} \\
\underline{1\ 4} \quad \cdots\ 7 \times \boxed{2} = 14\\
6\ 4 \quad \cdots\ 7 \times \boxed{9} = 63\\
\underline{6\ 3}\\
1
\end{array}
$$

나눗셈은 기호 ÷부터 가르쳐야!

새로운 수학 개념을 도입할 때는 학습자가 이미 배워 알고 있는 개념을 토대로 해야 한다. 이것은 가르침의 기본 원리다. 4권『곱셈 도입과 곱셈구구』에서도 곱셈 기호 ×를 처음 도입할 때 이미 알고 있는 덧셈 기호 +를 이용하였던 사실을 떠올려보라. 마찬가지로 나눗셈 기호 ÷를 도입할 때도 곱셈 기호 ×를

이용하여 아이들이 자연스럽게 나눗셈에 접근할 수 있도록 해야 함은 지극히 당연하다.

그렇다면 어떻게 나눗셈 기호 '÷'를 도입하는 것이 바람직할까? 나눗셈이 사칙연산 가운데 마지막 연산이라는 점을 감안할 필요가 있다. 따라서 지금까지 배워 알고 있는 덧셈, 곱셈, 뺄셈을 총망라하여 이들 사이의 관계까지 파악할 수 있도록 한다면 더할 나위 없을 것이다. 이러한 관점에서 이 책에서 제공하는 수직선은 정말 신의 한 수가 아닐 수 없다!

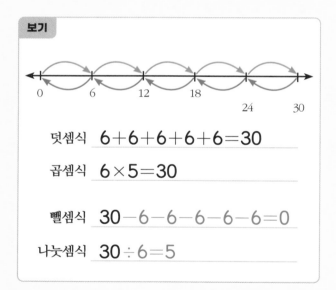

위의 수직선 모델은 굳이 나눗셈에 대한 설명을 필요로 하지 않는다. 아이들은 처음 접하는 나눗셈 기호가 이미 익숙한 세 가지 연산, 즉 덧셈, 곱셈, 뺄셈과 밀접한 관계가 있음을 눈으로 확인할 수 있기 때문이다. 뿐만 아니라 나눗셈이 뺄셈이라는 동수누감

의 의미가 있다는 것도 굳이 언어로 설명하지 않아도 눈으로 확인할 수 있다.

뿐만 아니라 수직선 모델은 단지 나눗셈 기호의 도입에만 그치지 않고 실제 나눗셈의 답을 어떻게 얻는지 알려주는 효과도 있다. 다음에 제시한 보기가 이를 말해준다.

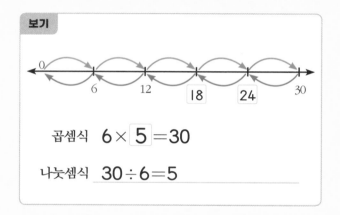

제시된 수직선 모델을 이용하여 나눗셈의 답을 곱셈의 역에서 구할 수 있음을 직관적으로 파악할 수 있다. 그 결과 곱셈구구만 알고 있으면 누구든지 나눗셈의 답을 얻을 수 있다.

이와 같이 나눗셈이 매우 단순한 수학적 내용임에도 현장 교사들은 아이들이 나눗셈을 어려워한다고 입을 모은다. 그 이유를 구체적으로 살펴보자.

잘못된 순서 때문에 아이들이 어려워한다!

아이들이 나눗셈을 어려워하는 원인은 나눗셈이라는 수학적 내용이 아니라 나눗셈을 가르치는 현행 교과서의 전통적인 방식에서 찾을 수 있다.

학교의 수학교과서는 처음 나눗셈을 도입하며 다음과 같은 두 가지 상황을 제시하고 있다.

① 사과 6개가 있다. 3명이 똑같이 나누어 가진다면, 한 명이 사과를 몇 개씩 갖게 될까?

② 사과 6개가 있다. 한 봉지에 3개씩 담는다면, 봉지는 몇 개가 필요할까?

위의 두 가지 상황 모두 나눗셈 6÷3=2로 나타낼 수 있다면서 나눗셈을 도입하고 있는 것이다. 하지만 두 나눗셈은 각각 전혀 다른 구조를 담고 있는데, 그 차이를 나누는 수(제수)의 '단위'에서 확인할 수 있다. 위의 예에서 나누는 수(제수)의 단위는 각각 다음과 같다.

① 6 (개) ÷ 3 (명) = ☐ (개)

② 6 (개) ÷ 3 (개) = ☐

제수뿐 아니라 나눗셈 결과의 단위도 각기 다르지 않은가? ①의 결과는 2(개/명)으로, 한 명이 각각 2개를 갖는다는 것이고, ②는 단위 없이 그냥 2라고 답해야 한다. 이 문제에서는 담는 봉지의 개수(또는 묶음 수)를 뜻하지만, 상황에 따라 단위가 여러 개로 바뀌는데 결국 횟수를 뜻하므로 앞의 것과는 전혀 다르다.

이제 아이들이 나눗셈을 어려워하는 이유가 분명해졌다. 처음 나눗셈을 접하는 아이들에게 구조가 전혀 다른 두 종류의 나눗셈을 제시함으로써, 구조가 전혀 다른 두 가지 나눗셈 상황을 동시에 받아들여야 하는 아이들이 어려움을 겪는 것은 당연하다. 이는 마치 이제 막 강아지를 처음 알게 된 아이에게 포유류, 곤충, 조류를 구별하도록 강요하는 것과 다르지 않다.

앞에서 언급했듯 배움은 학습자가 이미 알고 있는 것을 토대로 이루어져야 하는 것이 기본원리이다. 덧셈과 뺄셈 학습도 처음에는 개수 세기를 토대로 이루어졌다. 곱셈 학습도 같은 것을 거듭 더하는 덧셈을 토대로 이루어졌다. 그렇다면 나눗셈 학습도 이미 배운 덧셈, 뺄셈, 곱셈을 토대로 이루어져 하는 것이 당연하다. 나눗셈이 무엇인지조차 알지 못하는 아이들에게 나눗셈이 적용되는 상황부터 제시하니 어렵다는 아우성이 나오는 것이다.

가르치는 사람조차도 나눗셈을 할 때 먼저 곱셈을 떠올리고 그 곱셈에서 답을 구하면서 아이들에게는 전혀 다른 방식으로 배우라는 것은 전혀 이치에 맞지 않다. 결국 아이들이 나눗셈을 어려워하는 이유는 어른들 탓이다. 『생각하는 초등연산』을 세상에 내놓은 이유도 바로 바로 그 때문이다. 아이들은 더 이상 나눗셈을 어려워하지 않게 될 것이다.

나눗셈의 몫 (1)

✎ 공부한 날짜   월   일

문제 1 | 빈칸에 알맞은 수를 쓰시오.

(1)

$$4 \times 6 = 24$$

$$6 \times = 24$$

$$24 \div 6 =$$

$$24 \div 4 =$$

(2)

$$5 \times 7 = 35$$

$$7 \times = 35$$

$$35 \div 7 =$$

$$35 \div 5 =$$

문제 2 | 보기와 같이 ☐ 안에 알맞은 수를 넣으시오.

딸기 8개를 2명이 똑같이 나누어 가질 때, 한 명의 몫을 구하시오.

$$8 \div 2 = \boxed{?}$$

$$2(명) \times \boxed{4} (개) = 8(개)$$

위의 곱셈을 나눗셈으로 나타내면? $8(개) \div 2(명) = \boxed{4} (개)$

따라서 한 명의 몫은 $\boxed{4}$

 **선생님만 보세요**   **문제 1** 앞 차시의 곱셈과 나눗셈의 관계를 이해하는 복습활동이다.

(1) 딸기 12개를 3명이 똑같이 나누어 가질 때, 한 명의 몫을 구하시오.

$12 \div 3 = \boxed{?}$

$3(명) \times \boxed{}(개) = 12(개)$

위의 곱셈을 나눗셈으로 나타내면? $12(개) \div 3(명) = \boxed{}(개)$

따라서 한 명의 몫은 $\boxed{}$

(2) 딸기 24개를 4명이 똑같이 나누어 가질 때, 한 명의 몫을 구하시오.

$24 \div 4 = \boxed{?}$

$4(명) \times \boxed{}(개) = 24(개)$

위의 곱셈을 나눗셈으로 나타내면? $24(개) \div 4(명) = \boxed{}(개)$

따라서 한 명의 몫은 $\boxed{}$

선생님만 보세요   **문제 2** 앞에서 나눗셈 결과가 몇 번(또는 몇 묶음)인가의 '횟수'를 나타냈다면, 여기서는 몇 명에게 나눠줄 수 있는가의 '분배상황'에 적용되는 나눗셈이다. 문제 풀이도 문장으로 제시되어 있으므로 천천히 숙독하여 빈칸을 채우면서 상황을 파악하는 것이 중요하다. 나눗셈 결과를 나타낼 때 사용되는 '몫'이라는 용어를 익히는 것에 초점을 둔다.

(3) 복숭아 36개를 4명이 똑같이 나누어 가질 때, 한 명의 몫을 구하시오.

$36 \div 4 = \boxed{?}$

$4(명) \times \boxed{}(개) = 36(개)$

위의 곱셈을 나눗셈으로 나타내면?　$36(개) \div 4(명) = \boxed{}(개)$

따라서 한 명의 몫은 $\boxed{}$

(4) 병아리 45마리를 9개의 바구니에 똑같이 나누어 담을 때, 바구니 한 개에 들어 갈 병아리 수를 구하시오.

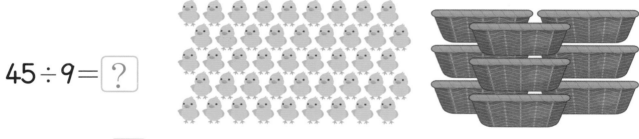

$45 \div 9 = \boxed{?}$

$9(바구니) \times \boxed{}(마리) = 45(마리)$

위의 곱셈을 나눗셈으로 나타내면?　$45(마리) \div 9(바구니) = \boxed{}$

따라서 바구니 한 개에 들어갈 병아리 수는 $\boxed{}$

주의 곱셈의 피승수가 □라는 점이 앞과 다르다. 하지만 곱셈의 교환법칙이 적용되므로 이를 잘 구별하지 않을 뿐이다. 따라서 아이에게 이를 명시적으로 구별하게 할 필요는 없다. 문제 풀이 후에, 나뉘는수(피제수)와 나누는수(제수)가 무엇인지 다시 확인하면서 '나눗셈 결과는 제수가 1일 때의 피제수 값'이라는 사실을 알려줄 것을 권한다. 이해하기 어려워하면 강요할 필요는 없다. 다만 숫자만 채우지 않도록 하고, 풀이 과정을 여러 번 함께 읽기를 권한다. 문제 (4)와 (5)에서 사람에게만 분배하는 것이 아님을 확인한다.

(5) 곰인형 21개를 3개의 바구니에 똑같이 나누어 담을 때, 바구니 한 개에 들어갈 개수를 구하시오.

$21 \div 3 = \boxed{?}$

3(바구니) $\times \boxed{}$ (개) $= 21$(개)

위의 곱셈을 나눗셈으로 나타내면? 21(개) $\div 3$(바구니) $= \boxed{}$ (개)

따라서 바구니 한 개에 들어갈 곰인형 수는 $\boxed{}$

문제 3 | 보기와 같이 빵을 종이봉투에 똑같이 나누어 담을 때, 종이봉투 한 개에 들어갈 빵의 개수를 구하시오.

보기

식 : $\underline{\quad 32 \div 4 = 8 \quad}$

종이봉투 한 개에 들어갈 빵의 개수: $\underline{\quad 8 \quad}$ 개

문제 3 역시 분배 문제다. 한 봉지에 똑같은 개수의 빵을 담을 때, 남김없이 몇 봉지에 담을 수 있는지를 나눗셈식으로 나타낸다. 먼저 그림에서 담아야 할 봉지의 개수를 파악해야 한다. 몫이라는 용어는 한 봉지에 들어가는 빵의 개수에도 적용된다.

(1)

식 : _____

종이봉투 한 개에 들어갈 빵의 개수: _____ 개

(2)

식 : _____

종이봉투 한 개에 들어갈 빵의 개수: _____ 개

(3)

식 : _____

종이봉투 한 개에 들어갈 빵의 개수: _____ 개

(4)

식 : _____

종이봉투 한 개에 들어갈 빵의 개수: _____ 개

(5)

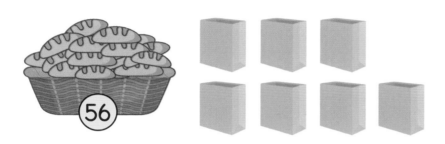

식 : _____

종이봉투 한 개에 들어갈 빵의 개수: _____ 개

(6)

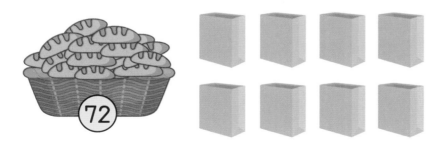

식 : _____

종이봉투 한 개에 들어갈 빵의 개수: _____ 개

나눗셈의 몫 (2)

✎ 공부한 날짜   월   일

문제 1 | 빵을 종이봉투에 똑같이 나누어 담을 때, 종이봉투 한 개에 들어갈 빵의 개수를 구하시오.

(1)

식 : _____

종이봉투 한 개에 들어갈 빵의 개수: _____ 개

(2)

식 : _____

종이봉투 한 개에 들어갈 빵의 개수: _____ 개

 **문제 1** 분배 상황의 복습이다. 상자 한 개에 들어가는 빵의 개수가 나눗셈의 몫이라는 사실을 파악하도록 한다.

문제 2 | 문제를 읽고, 알맞은 식과 몫을 쓰시오.

(1) 16명의 학생이 의자 2개에 똑같이 나누어 앉으려고 합니다. 의자 한 개에 몇 명씩 앉아야 할까요?

식: _____

몫: _____ 명

(2) 주스 18병을 3명에게 똑같이 나누어 주려고 합니다. 한 명에게 몇 병씩 줄 수 있을까요?

식: _____

몫: _____ 병

문제 2 나눗셈이 여러 분배 상황에 적용되는 것을 이해한다. 나눗셈의 답을 구하는 것에 그치지 않고, 문제를 풀고 난 후 '몫의 단위'에 주목하며 상황을 다시 반추하도록 한다. 이때 곱셈에 의해 나눗셈의 피제수를 확인하면서 검산할 것을 권장한다.

⑶ 학생 20명이 4장의 돗자리에 똑같이 나누어 앉으려고 합니다. 돗자리 한 개에 몇 명씩 앉아야 할까요?

식: _____

몫: _____ 명

⑷ 마스크 40장을 8명에게 똑같이 나누어 주려고 합니다. 한 명이 몇 장씩 마스크를 갖게 될까요?

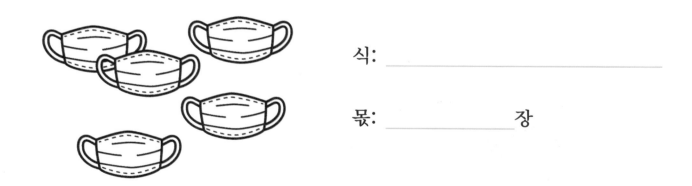

식: _____

몫: _____ 장

(5) 사탕 54개를 9명에게 똑같이 나누어 주려고 합니다. 한 명에게 사탕을 몇 개씩 줄 수 있을까요?

식: _____

몫: _____ 개

(6) 연필 63자루를 연필꽂이 7개에 똑같이 나누어 꽂으려고 합니다. 연필꽂이 한 개에 연필을 몇 자루씩 꽂아야 할까요?

식: _____

몫: _____ 자루

(7) 구슬 35개를 5명이 똑같이 나누어 가지려고 합니다. 한 명이 몇 개씩 가지면 될까요?

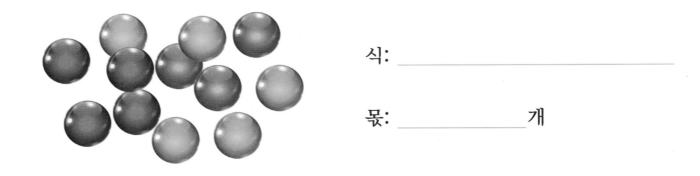

식: _____

몫: _____ 개

문제 3 │ 보기와 같이 네모 안의 나눗셈과 '몫'이 같은 나눗셈을 모두 고르시오.

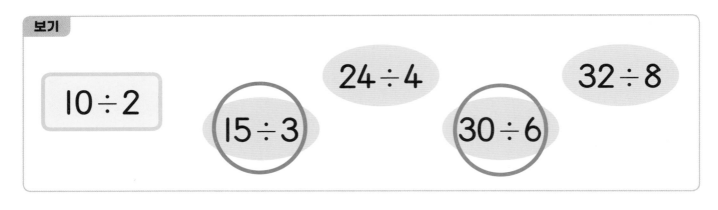

보기

$10 \div 2$ $15 \div 3$ $24 \div 4$ $30 \div 6$ $32 \div 8$

(1)

$18 \div 3$ $48 \div 8$ $12 \div 2$ $36 \div 9$ $20 \div 4$

선생님만 보세요   **문제 3** 나눗셈 연습이다. 몫이 같은 것을 고른다.

(2)

$21 \div 7$

$15 \div 5$

$45 \div 9$

$56 \div 8$

$12 \div 4$

(3)

$40 \div 5$

$27 \div 3$

$64 \div 8$

$48 \div 6$

$42 \div 7$

(4)

$32 \div 8$

$35 \div 7$

$20 \div 5$

$12 \div 6$

$36 \div 9$

(5)

$81 \div 9$

$18 \div 2$

$36 \div 4$

$40 \div 8$

$45 \div 5$

✏️ 공부한 날짜　　월　　일

문제 1 | 네모 안의 나눗셈과 '몫'이 같은 나눗셈을 모두 고르시오.

(1)

$42 \div 6$

$21 \div 3$　　$48 \div 8$　　$24 \div 4$　　$35 \div 5$

(2)

$8 \div 2$

$28 \div 7$　　$12 \div 6$　　$36 \div 9$　　$18 \div 3$

(3)

$20 \div 4$

$49 \div 7$　　$30 \div 6$　　$10 \div 2$　　$10 \div 5$

(4)

$56 \div 7$

$28 \div 4$　　$16 \div 2$　　$81 \div 9$　　$64 \div 8$

 **문제 1** 앞 차시의 한 자리 수로 나누는 나눗셈 복습이다.

문제 2 | ☐ 안에 알맞은 수를 쓰시오.

(1)

12

÷ 6 = 2

÷ ☐ = 3

÷ ☐ = 4

÷ ☐ = 6

(2)

24

÷ ☐ = 3

÷ ☐ = 4

÷ ☐ = 6

÷ ☐ = 8

(3)

16

÷ ☐ = 2

÷ ☐ = 4

÷ ☐ = 8

(4)

36

÷ ☐ = 4

÷ ☐ = 6

÷ ☐ = 9

문제 3 | 보기와 같이 답하시오.

보기

사과 14개를 남는 사과가 없도록 모두 똑같이 나누어 주려고 합니다.
몇 명에게 나누어 줄 수 있을까요?

 2명   3명   7명   9명

 선생님만 보세요   **문제 2** 문제 형태가 다르지만 나눗셈 연습이다. 나뉘어지는 수를 고정하고 주어진 몫에 대하여 나누는 수를 구하는 문제다. 나눗셈이
곱셈의 역임을 이해하면 쉽게 답을 구할 수 있다.

(1) 사과 15개를 남는 사과가 없도록 모두 똑같이 나누어 주려고 합니다. 몇 명에게 나누어 줄 수 있을까요?

2명   3명   4명   5명

(2) 딸기 24개를 남는 딸기가 없도록 모두 똑같이 나누어 주려고 합니다. 몇 명에게 나누어 줄 수 있을까요?

3명   4명   6명   8명

(3) 귤 36개를 남는 귤이 없도록 모두 똑같이 나누어 주려고 합니다. 몇 명에게 나누어 줄 수 있을까요?

4명   6명   7명   9명

 선생님만 보세요 **문제 3** 분배 상황의 나눗셈 문제다. 사실상 나뉘어지는 수에 대한 약수를 구하는 문제다.

주의 약수 개념이 적용되지만, 약수라는 용어는 아직 사용하지 않는다. 단지 남김없이 모두 나누어줄 수 있다는 것만 이해하면 충분하다.

(4) 감 42개를 남는 감이 없도록 모두 똑같이 나누어 주려고 합니다. 몇 명에게 나누어 줄 수 있을까요?

| 5명 | 6명 | 7명 | 8명 |

(5) 참외 54개를 남는 참외가 없도록 모두 똑같이 나누어 주려고 합니다. 몇 명에게 나누어 줄 수 있을까요?

| 4명 | 5명 | 6명 | 9명 |

(6) 밤 72개를 남는 밤이 없도록 모두 똑같이 나누어 주려고 합니다. 몇 명에게 나누어 줄 수 있을까요?

| 5명 | 7명 | 8명 | 9명 |

✏️ 공부한 날짜   월   일

문제 1 | 나눗셈을 하시오.

(1)

14

÷ ☐ = 2

÷ ☐ = 7

(2)

24

÷ ☐ = 3

÷ ☐ = 4

(3)

40

÷ ☐ = 5

÷ ☐ = 8

(4)

36

÷ ☐ = 6

÷ ☐ = 9

문제 2 | 빈칸에 알맞은 수를 쓰시오.

(1)

12

÷2

6
2
3
4
9

(2)

÷3

4
1
6
9
5

문제 1 나눗셈 복습이다. 나누어지는 수를 고정하고 주어진 몫에 대하여 나누는 수를 구하는 문제다.

문제 2 앞 차시의 문제(2)처럼 나눗셈 연습이다. 이번에는 나누는 수를 고정하고 주어진 몫에 대하여 나뉘어지는 수를 구하는 문제다.

(3)

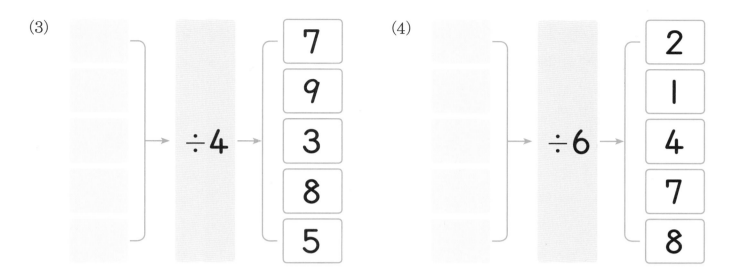

(4)

문제 3 | 보기와 같이 알맞은 답에 동그라미표를 하시오.

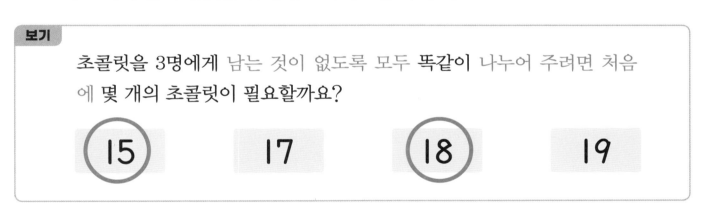

보기

초콜릿을 3명에게 남는 것이 없도록 모두 똑같이 나누어 주려면 처음에 몇 개의 초콜릿이 필요할까요?

(15)   17   (18)   19

(1) 초콜릿을 4명에게 남는 것이 없도록 모두 똑같이 나누어 주려면 처음에 **몇 개**의 초콜릿이 필요할까요?

20   21   26   28

선생님만 보세요 **문제 3** 앞 차시와 같은 분배 상황의 나눗셈 문제이지만, 이번에는 나누는 수가 주어졌을 때 나머지가 없는 나뉘어지는 수(피제수)를 구하는 문제다. **주의** 문제 상황에 대한 이해가 어려울 수 있다. 예시로 주어진 여러 피제수를 문제에 대입하여 일일이 점검하여 문제 상황을 이해할 것을 권장한다.

(2) 초콜릿을 5명에게 남는 것이 없도록 모두 똑같이 나누어 주려면 처음에 몇 개의 초콜릿이 필요할까요?

| 14 | 25 | 34 | 40 |

(3) 초콜릿을 6명에게 남는 것이 없도록 모두 똑같이 나누어 주려면 처음에 몇 개의 초콜릿이 필요할까요?

| 12 | 34 | 48 | 54 |

(4) 초콜릿을 7명에게 남는 것이 없도록 모두 똑같이 나누어 주려면 처음에 몇 개의 초콜릿이 필요할까요?

| 24 | 35 | 49 | 63 |

(5) 초콜릿을 8명에게 남는 것이 없도록 모두 똑같이 나누어 주려면 처음에 몇 개의 초콜릿이 필요할까요?

| 21 | 35 | 48 | 64 |

(6) 초콜릿을 9명에게 남는 것이 없도록 모두 똑같이 나누어 주려면 처음에 **몇 개의** 초콜릿이 필요할까요?

| 18 | 27 | 40 | 72 |

문제 4 | 관람차 가운데에 있는 수로 나눌 때, 남는 수(나머지)가 없는 수를 고르시오.

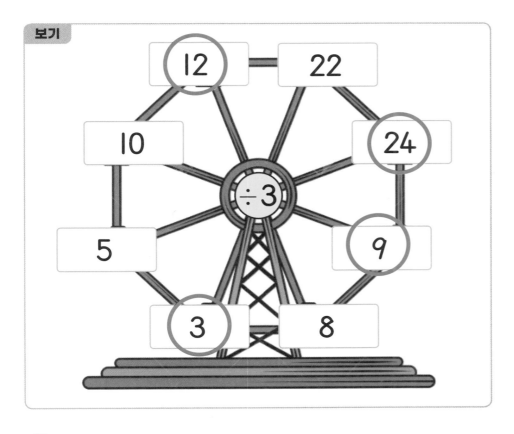

 **문제 4** 나누어 떨어지는 피제수를 구하는 문제다. 약수와 나머지라는 용어는 아직 사용하지 않는다.

(1)

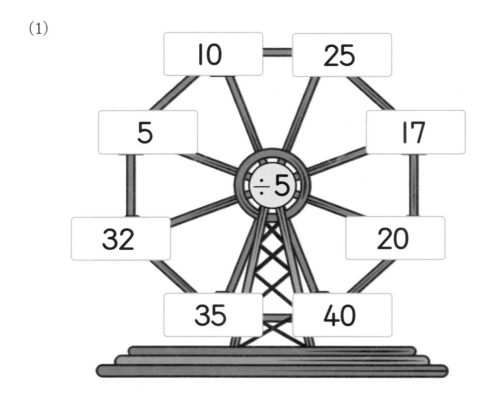

(2)

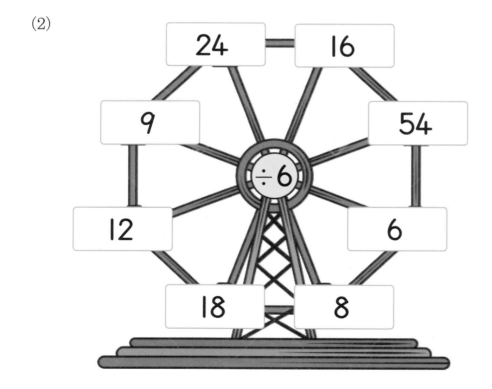

(3)

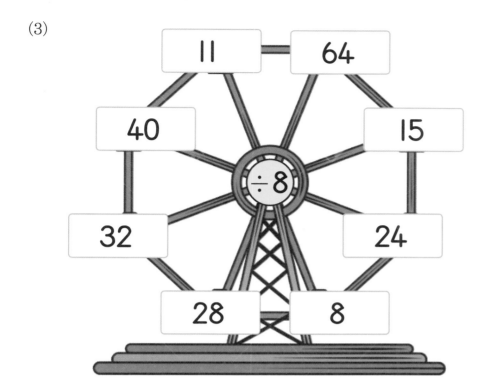

(4)

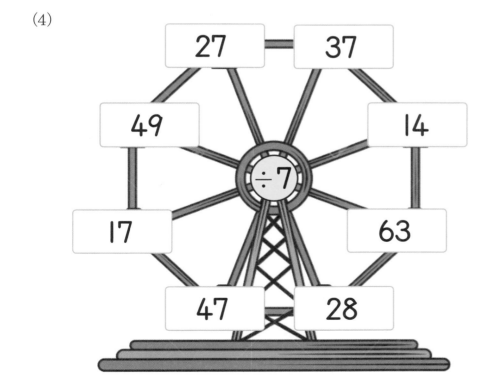

수학의 나눗셈은 일상적인 나누기 상황과 다르다

'나눗셈'이라는 용어는 나누어주는 분배 상황을 암시한다. 하지만 수학에서의 나눗셈이 반드시 실제 일상생활에서의 나누는 상황에 적용되는 것은 아니다. 예를 들어 아이들이 과자를 나누어 먹는 상황을 살펴보자.

경수는 과자 40개가 들어 있는 과자 봉지 한 개를 가져왔다. 친구들이 과자를 먹고 싶어하기에 경수는 기꺼이 같이 나누어 먹기로 하였다. 우선 친구 3명에게 한 개씩만 주기에는 조금 미안하고 4개면 충분하다고 생각해 나누어 주었다. 봉지 안을 들여다보니 30개가 채 안 되는 과자가 남은 것 같았다. 친구들이 아쉬워하는 것 같아 2개씩 더 주었다. 그리고 이제는 더 나눠주지 않고 혼자 다 먹기로 하였다. 과자는 자기 것이고 남아 있는 과자도 20개밖에 없으니, 더 나눠주기에는 아깝다는 생각이 들었던 것이다.

이 상황을 정리해보면, 전체 40개를 4명(경수와 친구 3명)이 나누어 먹는 상황이다. 친구 3명은 각각 6개씩 먹고(3×6=18), 남은 과자 22개는 경수가 가졌다. 하지만 수학의 나눗셈 문제로 접근해보면 40÷4=10, 한 명당 똑같이 10개씩 먹는 것이 정답이다. 이렇게 실제 상황과 나눗셈 문제 상황은 서로 다르다.

그 이유는 각 상황의 전제가 다르기 때문이다. 수학에서의 나눗셈 상황은 모두가 똑같이 나눠가지면서 남는 것이 없어야 한다. 물론 이후에는 나머지가 있는 상황을 다루게 되지만, 처음 나눗셈을 배울 때는 나머지가 없는 상황을 전제로 한다. 그러나 실제 상황에서는 똑같은 양만큼 나누지 않을 수도 있고, 나머지가 있을 수도 있다. 그러므로 수학에서의 나눗셈 상황은 실제와는 전제가 다르다는 것을 먼저 이해할 필요가 있다.

묶이라는 용어의 이해

'묶'이라는 순우리말은 분배 상황에 적용된다. 하지만 나눗셈을 처음 배울 때는 나누어주는 분배 상황에 앞서 똑같은 수량으로 묶는 '묶음 상황'에 먼저 익숙해지는 것이 더 적절하다. 앞의 1일차에서 3일차까지 제시한 수직선 모델에서 같은 수를 거듭 더하는 곱셈의 역으로 도입한 나눗셈, 주어진 길이의 테이프를 같은 길이로 몇 번 자를 수 있는지를 구하는 나눗셈, 주어진 개수를 같은 개수로 거듭 묶을 때 묶음이 모두 몇 개인가를 구하는 나눗셈은 분배 상황이 아니고 묶음 상황이었다. 교육과정에는 이러한 나눗셈을

'포함제'라는 용어로 표현하는데, 굳이 어려운 용어까지 알 필요는 없다. 이때의 나눗셈에서 피제수와 제수는 단위가 같다는 사실을 앞에서 지적했다. 포함제는 제수가 피제수에 포함된다는 것을 뜻하지만, 그다지 좋은 용어도 아니므로 여기서는 '묶음 상황'이라고 표현한다.

다시 정리하면 '묶음 상황'에 적용되는 나눗셈은 피제수와 제수의 단위가 같고, 나눗셈 결과는 몇 묶음 또는 몇 번(회)인가를 뜻한다. 이는 같은 수를 거듭 더하는 동수누가를 적용한 곱셈의 역인 같은 수를 거듭 빼는 동수누감으로서의 나눗셈이다.

나눗셈 기호를 곱셈의 역을 토대로 도입하였으므로 '묶음 상황'에서 처음 나눗셈을 접하도록 한 이유를 이제 짐작할 수 있을 것이다.

한편, 5일차에서 8일차까지의 나눗셈은 12개의 사과를 2명에게 똑같이 나누어줄 때, 한 명이 갖는 사과 개수를 구하는 것과 같은 '분배 상황'에 적용된다. 이때 나눗셈 결과는 한 명이 갖는 양, 즉 몫을 뜻한다. 제수가 1일 때 피제수 값을 말하는 것이다. 하지만 나눗셈을 처음 접하는 아이에게 이와 같은 상세한 구분을 강요해서는 안 된다. '묶음 상황'을 충분히 이해하고 나눗셈 연습이 어느 정도 이루어졌을 때, '분배 상황'이 적용되는 활동을 제시해야 한다. 5일차부터 분배 상황이 등장하는 이유다. 이때 몫이라는 용어는 매우 중요한 역할을 담당한다.

나머지 (1)

문제 1 | 관람차 가운데에 있는 수로 나눌 때, 남는 수(나머지)가 없는 것을 고르시오.

(1)

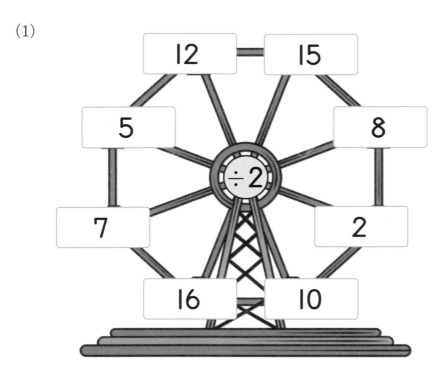

(2)

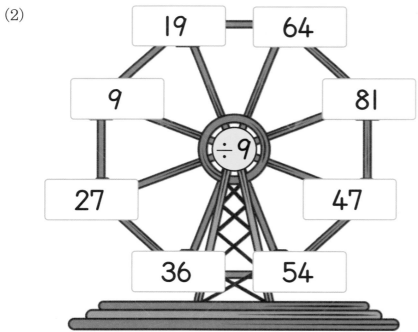

 **선생님만 보세요**   **문제 1** 앞 차시와 같은 나눗셈 상황이다. 남는 수가 없는 나눗셈의 피제수를 확인하면서 나머지 개념의 도입을 준비한다.

문제 2 | 보기와 같이 곱셈과 나눗셈으로 나타내시오.

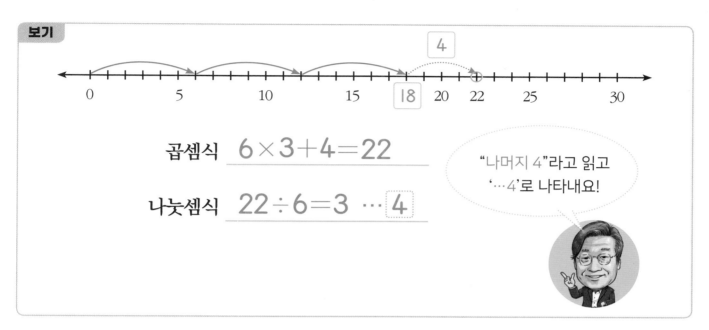

보기

곱셈식 $6 \times 3 + 4 = 22$

나눗셈식 $22 \div 6 = 3 \cdots 4$

"나머지 4"라고 읽고 '…4'로 나타내요!

(1)

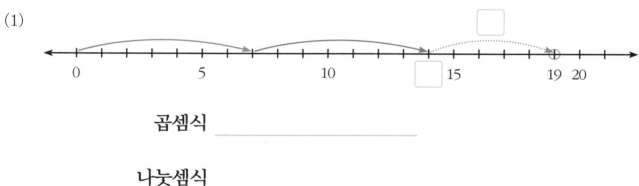

곱셈식 _____

나눗셈식 _____

(2)

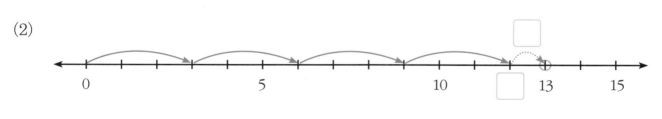

곱셈식 _____

나눗셈식 _____

 **선생님만 보세요** **문제 3** 수직선 위의 뛰어세기를 곱셈식과 나눗셈식으로 나타내며 나머지 개념을 눈으로 확인하고 이해하는 활동이다. 나머지라는 순 우리말의 수학 용어가 남은 수를 뜻한다는 사실을 어렵지 않게 받아들일 수 있다.

(3)

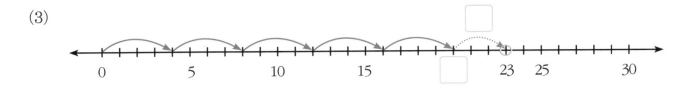

곱셈식 _____

나눗셈식 _____

(4)

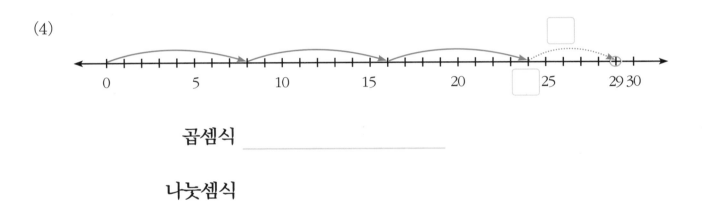

곱셈식 _____

나눗셈식 _____

(5)

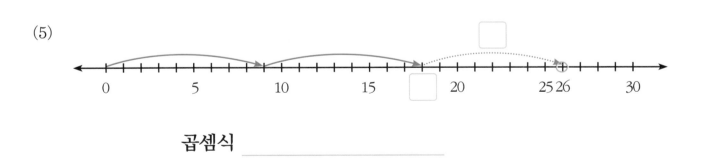

곱셈식 _____

나눗셈식 _____

문제 3 | 보기와 같이 ☐ 안에 알맞은 수를 넣으시오.

보기

쿠키 7개를 2명이 똑같이 나누어 가질 때, 한 명의 몫과 나머지를 구하시오.

7(개) $\div$ 2(명) $=$ ☐? (개) $\cdots$ ☐? (개)

 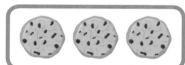

2(명) $\times$ 3 (개) $=6$(개)이고 남는 개수는 1 (개)입니다.

7(개) $\div$ 2(명) $=$ 3 (개) $\cdots$ 1 (개)

한 명의 몫은 3 개이고 나머지는 1 개

> 나눗셈에서 나누고 남는
> 개수를 '나머지'라고 합니다.

(1) 쿠키 14개를 3명이 똑같이 나누어 가질 때, 한 명의 몫과 나머지를 구하시오.

14(개) $\div$ 3(명) $=$ ☐? (개) $\cdots$ ☐? (개)

3(명) $\times$ ☐ (개) $=12$(개)이고 남는 개수는 ☐ (개)입니다.

14(개) $\div$ 3(명) $=$ ☐ (개) $\cdots$ ☐ (개)

한 명의 몫은 ☐ 개이고 나머지는 ☐ 개

 **선생님만 보세요.** **문제 3** 쿠키를 분배하는 문제 상황의 풀이 과정을 읽으며 나머지를 이해하고 구할 수 있도록 한다.

주의 문제를 천천히 읽도록 권장한다. 빈칸에 숫자만 넣지 않도록 한다.

(2) 쿠키 19개를 4명이 똑같이 나누어 가질 때, 한 명의 몫과 나머지를 구하시오.

$$19(개) \div 4(명) = \boxed{?} (개) \cdots \boxed{?} (개)$$

$$4(명) \times \boxed{} (개) = 16(개) \text{이고 남는 개수는 } \boxed{} (개) \text{입니다.}$$

$$19(개) \div 4(명) = \boxed{} (개) \cdots \boxed{} (개)$$

한 명의 몫은 $\boxed{}$ 개이고 나머지는 $\boxed{}$ 개

(3) 쿠키 21개를 6명이 똑같이 나누어 가질 때, 한 명의 몫과 나머지를 구하시오.

$$21(개) \div 6(명) = \boxed{?} (개) \cdots \boxed{?} (개)$$

$$6(명) \times \boxed{} (개) = 18(개) \text{이고 남는 개수는 } \boxed{} (개) \text{입니다.}$$

$$21(개) \div 6(명) = \boxed{} (개) \cdots \boxed{} (개)$$

한 명의 몫은 $\boxed{}$ 개이고 나머지는 $\boxed{}$ 개

✏ 공부한 날짜   월   일

문제 1 | ☐ 안에 알맞은 수를 쓰시오.

(1)

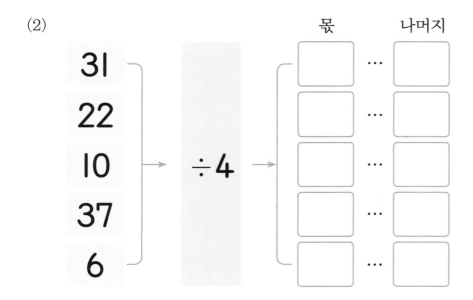

	몫	나머지
9	☐ … ☐	
13	☐ … ☐	
17 ÷2	☐ … ☐	
19	☐ … ☐	
5	☐ … ☐	

(2)

	몫	나머지
31	☐ … ☐	
22	☐ … ☐	
10 ÷4	☐ … ☐	
37	☐ … ☐	
6	☐ … ☐	

선생님만 보세요   **문제 1** 나머지가 있는 나눗셈의 연습이다.

(3)

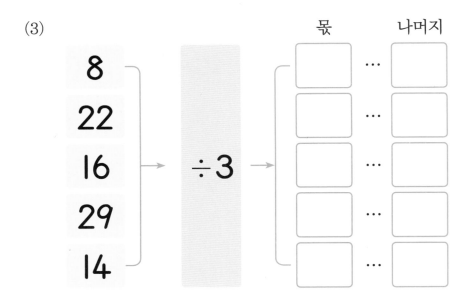

(4)

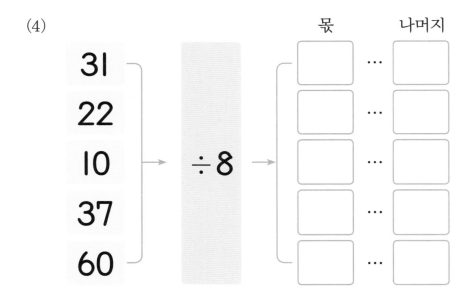

(5)

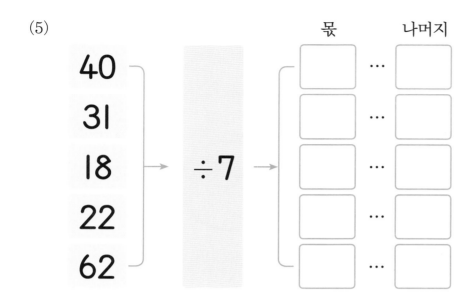

(6)

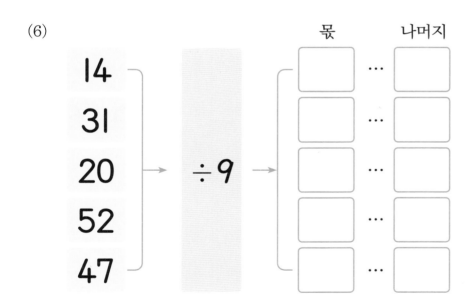

문제 2 | 보기와 같이 첫번째 나눗셈과 나머지가 같은 나눗셈을 모두 고르시오.

보기

$11 \div 2$ $17 \div 4$ $23 \div 4$ $22 \div 3$ $35 \div 4$

(1)

$18 \div 5$ $21 \div 6$ $48 \div 5$ $34 \div 5$ $29 \div 3$

(2)

$29 \div 3$ $16 \div 5$ $24 \div 5$ $30 \div 4$ $50 \div 6$

(3)

$37 \div 4$ $41 \div 8$ $53 \div 6$ $11 \div 3$ $26 \div 5$

 선생님만 보세요   **문제 2** 같은 나머지를 갖는 나눗셈식을 찾으면서 나머지가 있는 나눗셈을 연습한다.

(4)

$20 \div 7$

$40 \div 7$　　$42 \div 9$　　$31 \div 8$　　$62 \div 7$

(5)

$35 \div 6$

$23 \div 9$　　$53 \div 8$　　$17 \div 6$　　$24 \div 7$

(6)

$13 \div 2$

$9 \div 4$　　$27 \div 5$　　$13 \div 3$　　$82 \div 9$

(7)

$28 \div 8$

$38 \div 7$　　$41 \div 6$　　$40 \div 9$　　$23 \div 5$

(8)

$57 \div 9$

$42 \div 5$　　$75 \div 8$　　$19 \div 3$　　$39 \div 4$

✏️ 공부한 날짜   월   일

문제1 | 첫 번째 나눗셈과 나머지가 같은 나눗셈을 모두 고르시오.

(1)

$15 \div 2$

$36 \div 7$　$49 \div 6$　$60 \div 9$　$44 \div 8$

(2)

$47 \div 7$

$26 \div 8$　$55 \div 6$　$61 \div 8$　$77 \div 9$

(3)

$23 \div 4$

$39 \div 6$　$67 \div 8$　$59 \div 7$　$16 \div 5$

(4)

$51 \div 8$

$43 \div 7$　$21 \div 6$　$39 \div 9$　$38 \div 5$

 선생님만 보세요　　**문제 1** 같은 나머지를 갖는 나눗셈식을 찾으면서 나머지가 있는 나눗셈을 연습하는 복습 활동이다.

문제 2 | 보기와 같이 ☐ 안에 알맞은 수를 넣으시오.

보기

6 ÷ 3 = 2
6 ÷ 2 = 3

(1)

12 ÷ ☐ = 2
12 ÷ ☐ = 6

(2)

8 ÷ ☐ = 1
8 ÷ ☐ = 4
8 ÷ ☐ = 8
8 ÷ ☐ = 2

(3)

18 ÷ ☐ = 3
18 ÷ ☐ = 9
18 ÷ ☐ = 2
18 ÷ ☐ = 6

(4)

14 ÷ ☐ = 2
14 ÷ ☐ = 7

(5)

45 ÷ ☐ = 9
45 ÷ ☐ = 5

선생님만 보세요 **문제 2** 주어진 나눗셈식에서 제수를 구하는 식은 다시 제수를 몫으로 나누는 나눗셈식이 된다. 물론 이 나눗셈도 곱셈식에 의해 답을 구한다. 예를 들어 12÷☐=3은 12÷3=☐와 같고 이는 3×☐=12를 뜻한다. 이러한 곱셈과 나눗셈의 관계를 이해하는 활동이다.

문제 3 | 빈칸에 알맞은 수를 쓰시오.

(1)

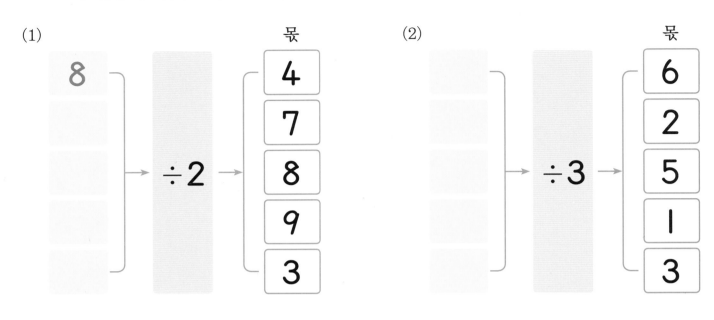

(2)

(3)

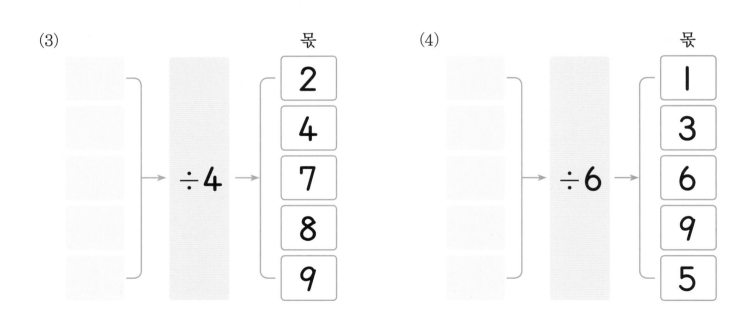

(4)

문제 3 문제 2와 유사하지만, 이번에는 주어진 나눗셈 식에서 피제수를 구한다. 피제수는 제수와 몫의 곱으로 간단히 구할 수 있다. 예를 들어 □÷2=4일 때 곱셈식 □=2×4으로부터 피제수를 간단히 구할 수 있으므로, 이 또한 곱셈과 나눗셈의 관계를 이해하면 쉽게 답을 얻을 수 있다.

(5)

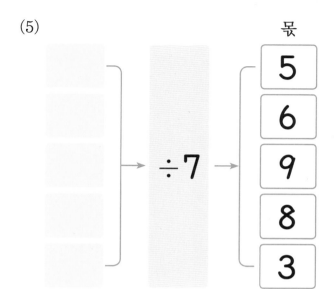

몫

| 5 |
| 6 |
| 9 |
| 8 |
| 3 |

(6)

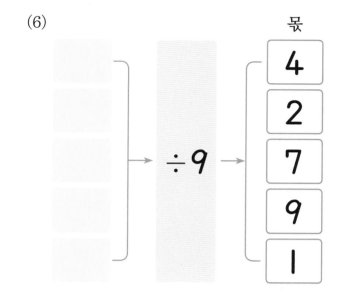

몫

| 4 |
| 2 |
| 7 |
| 9 |
| 1 |

(7)

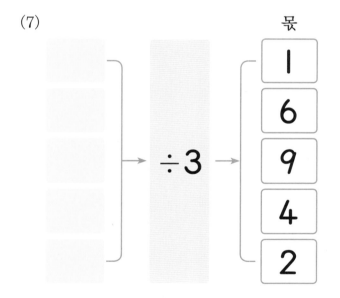

몫

| 1 |
| 6 |
| 9 |
| 4 |
| 2 |

(8)

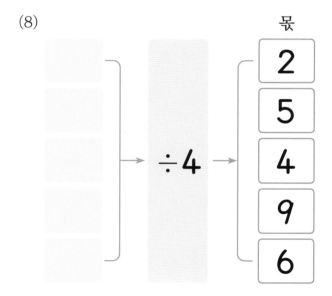

몫

| 2 |
| 5 |
| 4 |
| 9 |
| 6 |

나눗셈을 곱셈으로 (2)

✎ 공부한 날짜   월   일

문제 1 | 빈칸에 알맞은 수를 쓰시오.

(1)

		몫		나머지
9	÷2=	4	…	
	÷6=	7	…	1
	÷3=	5	…	
	÷4=	3	…	

(2)

		몫		나머지
	÷5=	3	…	
	÷6=	8	…	2
	÷3=	5	…	
	÷4=	3	…	

🧑‍🏫 **선생님만 보세요**   **문제 1** 앞의 차시와 같이 주어진 나눗셈식에서 피제수를 구한다. 다만 나머지가 있는 나눗셈식일 뿐이다. 피제수는 제수와 몫의 곱에 나머지를 더하여 구할 수 있다. 예를 들어 보기에서 □÷2=4…1일 때 곱셈식 □=2×4+1으로부터 피제수를 구할 수 있다.

(3)

		몫		나머지
	$\div 5 =$	1	…	
	$\div 7 =$	2	…	3
	$\div 6 =$	9	…	
	$\div 9 =$	3	…	

(4)

		몫		나머지
	$\div 8 =$	2	…	
	$\div 5 =$	3	…	4
	$\div 9 =$	5	…	
	$\div 7 =$	7	…	

(5)

		몫		나머지
	$\div 7 =$	5	…	
	$\div 6 =$	3	…	1
	$\div 5 =$	4	…	
	$\div 8 =$	8	…	

(6)

	몫		나머지
÷3=	4	…	
÷8=	1	…	
÷7=	8	…	2
÷9=	5	…	

문제 2 | 보기와 같이 나눗셈의 몫과 나머지를 구하고 다시 곱셈으로 고치시오.

> **보기**
>
> 나눗셈식 : 25÷3=8···1
>
> 곱셈식 : 3×8+1=25

(1)

나눗셈식 : 42÷5=(   )

곱셈식 : _____

(2)

나눗셈식 : 59÷7=(   )

곱셈식 : _____

 **선생님만 보세요**　　**문제 2** 앞의 문제에서 피제수를 구했던 풀이 과정을 이번에는 직접 곱셈식으로 나타낸다. 이로써 나머지가 있는 나눗셈식도 곱셈식으로 나타낼 수 있음을 이해한다.

(3)

나눗셈식 : $28 \div 6 = ($ $)$

곱셈식 : _____

(4)

나눗셈식 : $33 \div 8 = ($ $)$

곱셈식 : _____

(5)

나눗셈식 : $15 \div 2 = ($ $)$

곱셈식 : _____

(6)

나눗셈식 : $78 \div 8 = ($ $)$

곱셈식 : _____

(7)

나눗셈식 : $27 \div 4 = ($ $)$

곱셈식 : _____

(8)

나눗셈식 : $48 \div 7 = ($ $)$

곱셈식 : _____

나눗셈을 곱셈으로 (3)

✏️ 공부한 날짜　　월　　일

문제 1 | 빈칸에 알맞은 수를 쓰시오.

(1)

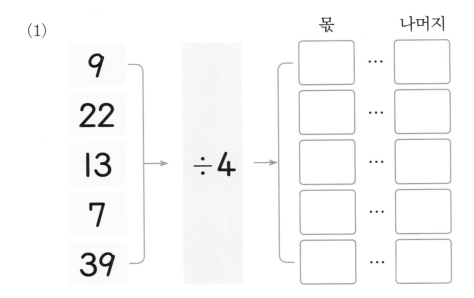

(2)

		몫		나머지
	÷6=	3	…	
	÷8=	6	…	5
	÷9=	1	…	
	÷7=	2	…	

문제 1 앞 차시의 복습이다.

문제 2 | 문제를 읽고, 알맞은 식과 답을 쓰시오.

(1) 초콜릿 17조각을 한 명에게 6조각씩 똑같이 나누려고 합니다.
　　몇 명에게 나누어 줄 수 있고 몇 조각이 남을까요?

식: _____

답: _____ 명 … _____ 조각

(2) 50개의 야구공을 한 바구니에 똑같이 9개씩 넣으려고 합니다. 몇 개의 바구니가
　　필요하고 남는 야구공은 몇 개일까요?

식: _____

답: _____ 개 … _____ 개

(3) 딸기 26개를 한 명에게 8개씩 똑같이 나누어 주려고 합니다. 모두 몇 명에게 주
　　고 몇 개가 남을까요?

식: _____

답: _____ 명 … _____ 개

문제 2 나머지가 있는 나눗셈식으로 나타낼 수 있는 응용문제다.

(4) 사과 39개를 한 명에게 5개씩 똑같이 나누어 주려고 합니다. 모두 몇 명에게 주고 몇 개가 남을까요?

식: _____

답: _____명 … _____개

(5) 세 발 자전거를 만드는 바퀴 25개가 있습니다. 몇 대의 자전거를 만들 수 있고 남는 바퀴는 몇 개일까요?

식: _____

답: _____대 … _____개

(6) 달걀 57개를 한 바구니에 똑같이 6개씩 담으려고 합니다. 바구니가 몇 개 필요하고 남는 달걀은 몇 개일까요?

식: _____

답: _____대 … _____개

문제 3 | 문제를 읽고, 알맞은 식과 답을 쓰시오.

(1) 야구공을 한 바구니에 똑같이 6개씩 3개의 바구니에 넣고 2개가 남았습니다.
     야구공은 모두 몇 개입니까?

식: _____

답: _____ 개

(2) 사탕을 봉투 한 개에 똑같이 4개씩 7개의 봉투에 넣고 3개의 사탕이 남았습니다.
     사탕은 모두 몇 개입니까?

식: _____

답: _____ 개

(3) 색종이를 똑같이 3장씩 9명에게 나누어 주고 2장이 남았습니다.
     색종이는 모두 몇 장입니까?

식: _____

답: _____ 장

문제 3 앞의 나눗셈과 같은 문제 상황이지만, 곱셈과 덧셈으로 풀이한다. 앞의 문제와 비교하면 결국 같은 구조다. 하지만 이를 이해
하지 못해도 무방하다.

(4) 알약을 매일 똑같이 2알씩 6일 동안 먹고 한 알이 남았습니다.
    알약은 모두 몇 알 있었나요?

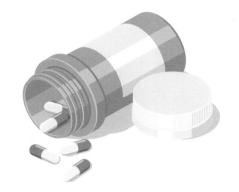

식: _____

답: _____ 알

(5) 물티슈를 매일 똑같이 5장씩 6일 동안 쓰고 4장이 남았습니다.
    물티슈는 모두 몇 장 있었나요?

식: _____

답: _____ 장

(6) 달걀을 한 상자에 똑같이 6개씩 7상자에 담았더니 3개가 남았습니다.
    달걀은 모두 몇 개입니까?

식: _____

답: _____ 개

곱셈과 나눗셈의 관계,
곱셈은 나눗셈으로 나눗셈은 곱셈으로

제수의 단위가 피제수의 단위와 일치하거나 그렇지 않은 경우에 따라 나눗셈 결과가 달라진다는 사실을 앞에서 언급한 바 있다. 예를 들어 사과 12개를 3개씩 묶을 때, 나눗셈 결과 4는 묶음 수(또는 횟수)를 나타내지만, 3명 또는 3상자에 넣을 때 나눗셈 결과 4는 한 명(또는 한 상자)에 분배되는 개수를 말한다. '몫'이라는 용어는 후자의 경우에 사용되는 용어로 한 명 또는 한 상자에 분배되는 양을 말한다.

나눗셈은 이처럼 같은 식이지만 전혀 다른 의미를 나타낼 수 있으며, 이 때문에 어렵다고 여길 수 있다. 하지만 계산과정은 모두 곱셈의 역에 의해 구할 수 있어 동일하다. 나눗셈을 처음 배우는 아이에게 이런 복잡한 두 가지 상황을 동시에 제시하는 것이 결코 바람직하지 않다는 것을 충분히 이해할 수 있다. 때문에 우리는 나눗셈 기호를 곱셈의 역으로 도입했고, 나눗셈의 답 구하기를 먼저 익히는 것에서 나눗셈 학습을 시작하도록 하였다. 그 이후에 '묶음 상황'과 '분배 상황' 모두에 나눗셈식을 사용할 수 있는 활동을 단계별로 점진적으로 제시하였다.

분배 상황에서의 몫을 구체적인 상황에서 파악하도록 하기 위해 마지막 차시에서 두 가지 문제를 제시하였는데, 다음이 그 예다.

"색종이를 한 명에게 똑같이 3장씩 나눠 주었더니 9명에게 주고 2장이 남았습니다. 색종이는 모두 몇 장이었습니까?"

문장을 차례로 수식으로 전환해 다음 식을 얻는다.

$$3 \times 9 + 2 = 29$$

이는 사실상 나눗셈 식의 변형으로, 다음과 같은 상황을 나타낸다.

"29장의 색종이를 9명에게 3장씩 나눠 주었더니 2장이 남는다."

그리고 이 식은 $29 \div 3 = 9 \cdots 2$라는 나눗셈을 말한다.

결국 나눗셈과 곱셈은 서로 역의 관계임을 다시 한 번 확인할 수 있다. 따라서 곱셈의 나눗셈의 관계에 대한 파악은 매우 중요하다.

나머지

다른 연산과 다르게 나눗셈에는 '나머지'라는 요소에 주목해야 한다. 이때 나머지의 조건, 즉 0과 같거나 크고 제수보다 작다는 조건은 정수론에서 매우 중요하다.

나머지가 0일 때는 배수와 약수 개념으로 이어지고, 모든 자연수를 나머지에 따라 분류할 수 있다는

사실은 이후의 자연수 분류로 이어진다. 달력에서 한 달 동안의 날짜들이 7로 나눈 나머지에 따라 요일이 구분되는 것이 그러한 예 가운데 하나다.

현 교육과정에는 나눗셈을 처음 접하는 3학년 1학기에 나머지를 도입하지 않았다. 때문에 혹자는 6권에서 나머지 개념을 일찌기 도입하는 것에 의아해할 수도 있다.

하지만 나눗셈의 나머지는 기계적인 계산 결과가 아니다. 9일차에 제시된 활동에서와 같이 나머지가 발생하는 상황을 접하며 어렵지 않게 자연스럽게 나

머지 개념을 형성할 수 있다. 따라서 처음 나눗셈을 접하며 나머지 개념까지 도입하지 않을 이유는 없다. 오히려 나머지 개념의 도입으로 나눗셈에 대한 이해의 폭을 넓힐 수 있다. 물론 그것만이 나머지 개념을 초기에 도입하는 유일한 이유는 아니다.

더 중요한 이유는 2학기에 배우는 두 자리 수 나눗셈 절차에서의 핵심이 나머지 개념이기 때문이다. 이에 대해서는 7권 '두 자리 수와 세 자리 수의 나눗셈'에서 자세히 밝힐 것이다.

2 두 자리 수의 곱셈

1 일차 | (십 몇)×(몇) (1)

2 일차 | (십 몇)×(몇) (2)

3 일차 | (십 몇)×(몇) (3)

4 일차 | (몇)×(십 몇) (1)

5 일차 | (몇)×(십 몇) (2)

6 일차 | (몇)×(십 몇) (3)

7 일차 | (몇십)×(몇)

8 일차 | (몇십 몇)×(몇) (1)

9 일차 | (몇십 몇)×(몇) (2)

10 일차 | (몇십 몇)×(몇) (3)

11 일차 | (몇)×(몇십 몇) (1)

12 일차 | (몇)×(몇십 몇) (2)

13 일차 | (몇십 몇)×(몇), (몇)×(몇십 몇)

14 일차 | 여러 가지 곱셈 문제

(십 몇)×(몇) (1)

✎ 공부한 날짜　　월　　일

문제 1 | 빈칸에 알맞은 수를 써넣으시오.

×	0	1	2	3	4	5	6	7	8	9
0										
1	0									
2		2								
3			6							
4										36
5								40		
6							42			
7			21			42				
8				32						
9					45					

문제 1 곱셈구구, 즉 한 자리 수 곱셈의 복습이다. 백칸표의 빈칸을 채우며 곱셈구구를 확인한다. 단순히 곱셈구구의 암송에 의해 답을 넣기보다는 제시된 숫자를 토대로 동수누가를 적용하여 답하며 패턴을 관찰한다면 더 많은 수학적 의미를 확인할 수 있다.

문제 2 | 보기와 같이 빈칸에 알맞은 식과 수를 쓰시오.

보기

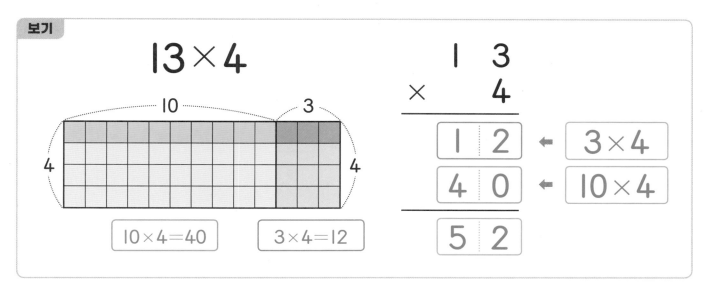

(1)

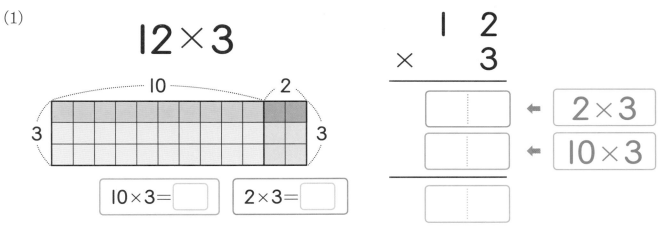

(2)

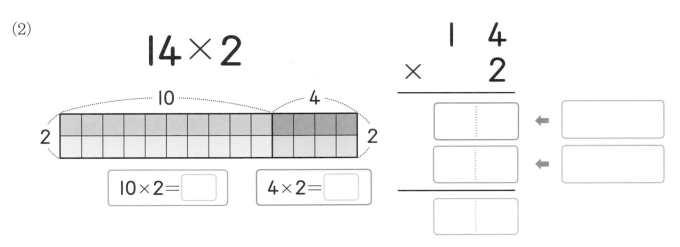

 선생님만 보세요   **문제 2** (십 몇)×(몇)의 곱셈 과정을 눈으로 확인한다. 보기에서 피승수 13을 10+3으로 분리하여 승수 4와 각각 곱할 때 분배법칙이 적용된다. 이때 직사각형 안에 들어 있는 정사각형의 개수를 구하는 과정에서 분배법칙을 확인한다. 빈칸에 알맞은 식과 수를 넣으며 곱셈의 계산 절차, 즉 알고리즘의 구조를 이해하도록 하는 것이 이 문제의 의도다.

(3)

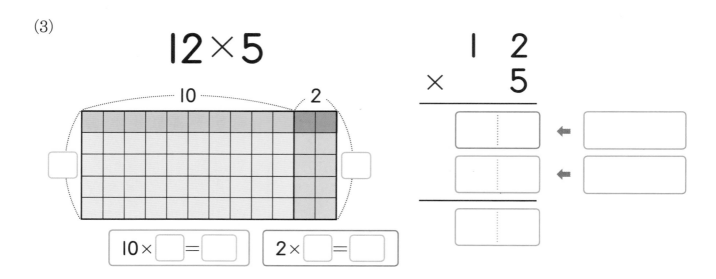

$$12 \times 5$$

$$10 \times \boxed{} = \boxed{} \qquad 2 \times \boxed{} = \boxed{}$$

(4)

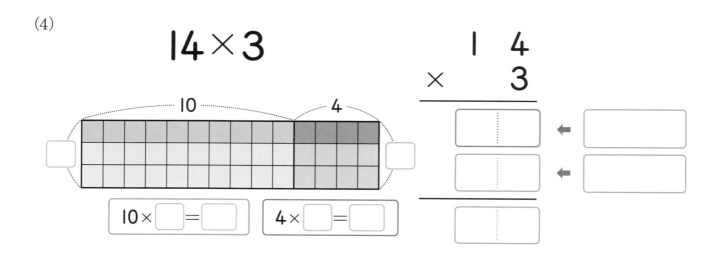

$$14 \times 3$$

$$10 \times \boxed{} = \boxed{} \qquad 4 \times \boxed{} = \boxed{}$$

(5)

15×4

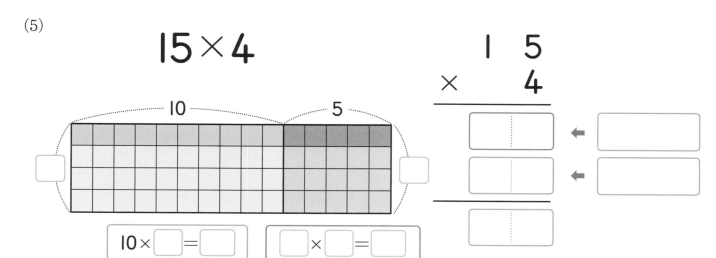

(6)

16×5

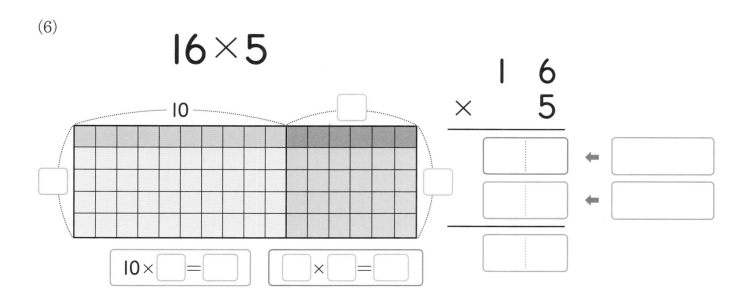

문제 3 | 보기와 같이 ☐ 안에 알맞은 수를 쓰시오.

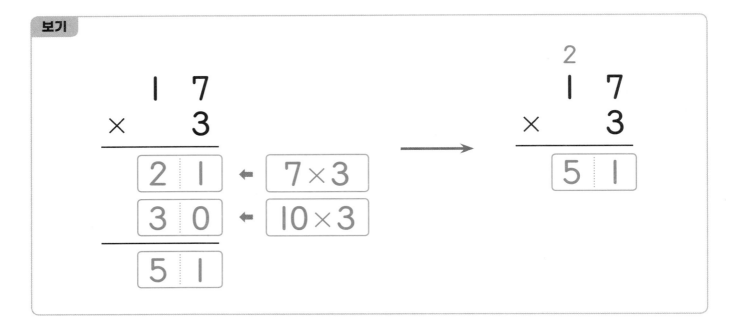

보기

(1)

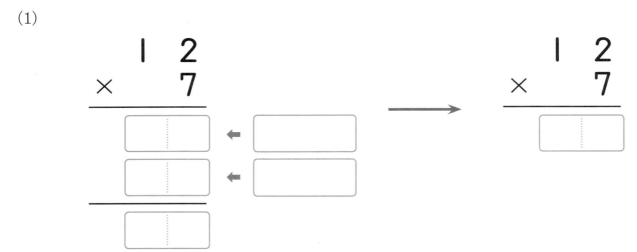

선생님만 보세요   **문제 3** 세로식에서 (십 몇)×(몇)의 곱셈 과정을 익힌다. 일의 자리와 십의 자리 곱셈을 구별하는 것이 핵심이다.

98

(2)

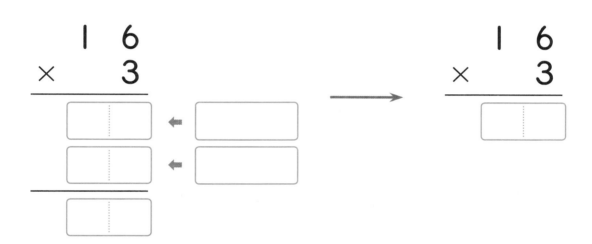

(3)

(4)

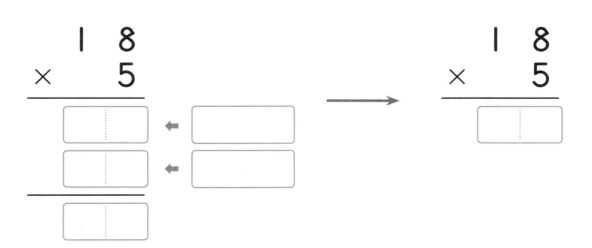

(5)

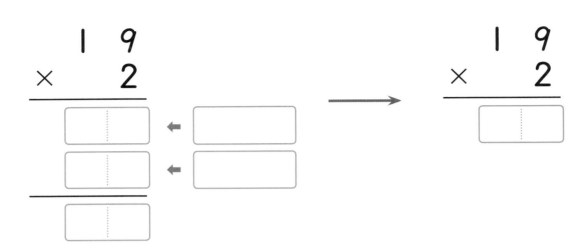

문제 4 | ☐ 안에 알맞은 수를 쓰시오.

(1)

```
    1 3
  ×   2
  ─────
  [    ]
```

(2)

```
    1 2
  ×   4
  ─────
  [    ]
```

(3)

```
    1 3
  ×   6
  ─────
  [    ]
```

(4)

```
    1 5
  ×   5
  ─────
  [    ]
```

(5)

```
    1 8
  ×   3
  ─────
  [    ]
```

(6)

```
    1 9
  ×   4
  ─────
  [    ]
```

 **문제 4** (십 몇)×(몇)의 곱셈을 세로식에서 완성한다.

✏ 공부한 날짜   월   일

문제1 | ☐ 안에 알맞은 수를 쓰시오.

(1)
```
    1 1
  ×   7
  ───────
  [      ]
```

(2)
```
    1 3
  ×   3
  ───────
  [      ]
```

(3)
```
    1 2
  ×   5
  ───────
  [      ]
```

(4)
```
    1 8
  ×   4
  ───────
  [      ]
```

(5)
```
    1 5
  ×   6
  ───────
  [      ]
```

(6)
```
    1 3
  ×   7
  ───────
  [      ]
```

선생님만 보세요   **문제 1** 앞 차시의 세로식으로 주어진 곱셈의 복습이다.

문제 2 | 보기와 같이 빈칸에 알맞은 식과 수를 쓰시오.

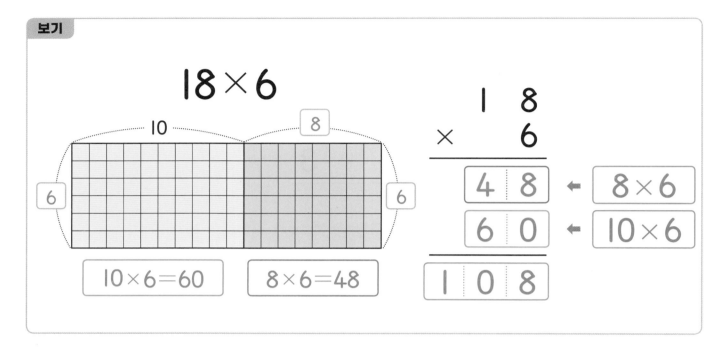

$$18 \times 6$$

$$10 \times 6 = 60 \qquad 8 \times 6 = 48$$

(1)

$$14 \times 9$$

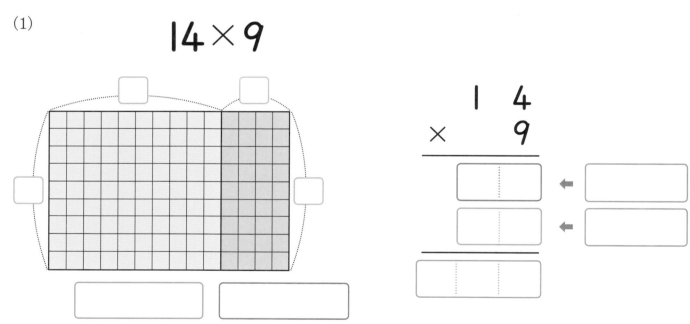

문제 2 앞의 문제와 같은 형식의 곱셈 (십 몇)×(몇)이지만, 결과가 세 자리 수인 것만 다르다. 십의 자리에서 받아올림을 익히며 곱셈 알고리즘 구조를 익힌다.

(2)

15×8

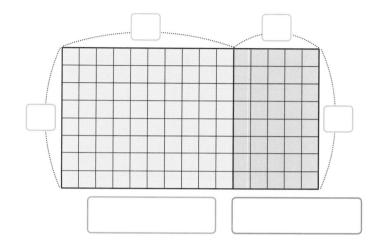

$$\begin{array}{r} 1\ 5 \\ \times \quad 8 \\ \hline \end{array}$$

(3)

17×8

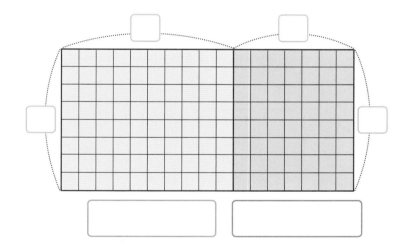

$$\begin{array}{r} 1\ 7 \\ \times \quad 8 \\ \hline \end{array}$$

(4)

19 × 7

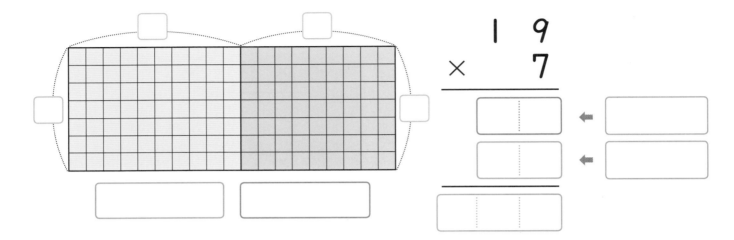

(5)

18 × 9

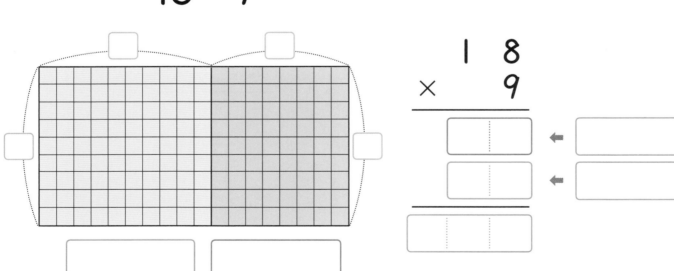

문제 3 | 보기와 같이 ☐ 안에 알맞은 식과 수를 쓰시오.

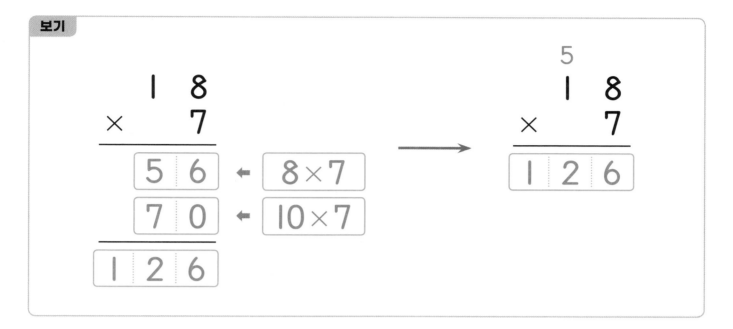

보기

(1)

선생님만 보세요   **문제 3** 앞의 문제와 같은 형식으로 세로식 곱셈을 연습한다. 십의 자리에서 받아올림에 유의한다.

105

(2)

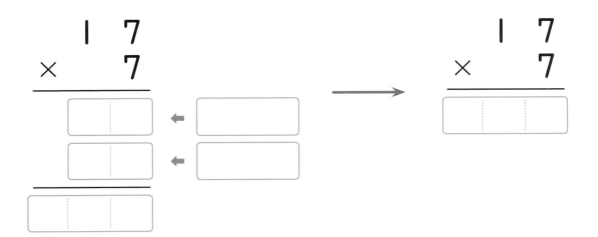

(3)

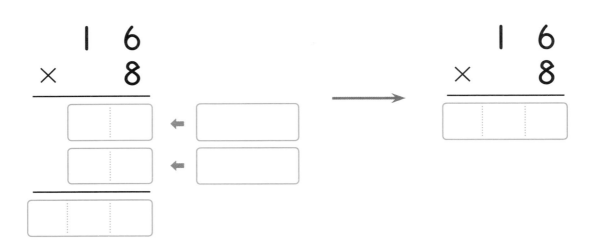

(4)

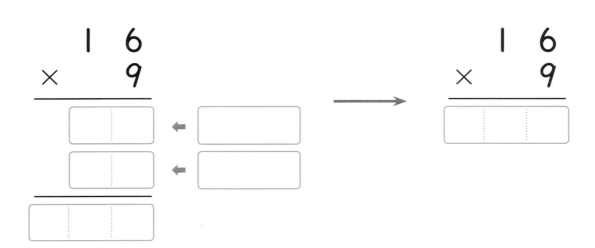

(5)

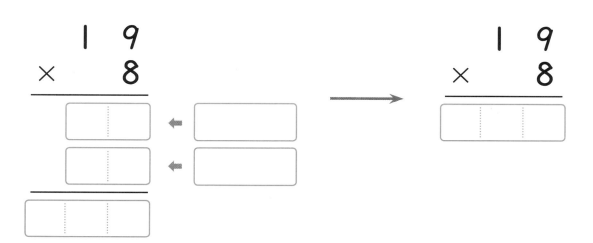

문제 4 | ☐ 안에 알맞은 수를 쓰시오.

(1)

```
    1 3
 ×    8
┌─────────┐
│    ┊    │
└─────────┘
```

(2)

```
    1 5
 ×    7
┌─────────┐
│    ┊    │
└─────────┘
```

(3)

```
    1 9
 ×    8
┌─────────┐
│    ┊    │
└─────────┘
```

(4)

```
    1 7
 ×    6
┌─────────┐
│    ┊    │
└─────────┘
```

(5)

```
    1 8
 ×    8
┌─────────┐
│    ┊    │
└─────────┘
```

(6)

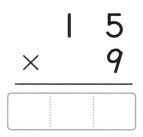

```
    1 5
 ×    9
┌─────────┐
│    ┊    │
└─────────┘
```

 선생님만 보세요 **문제 4** (십 몇)×(몇)의 곱셈을 세로식에서 완성한다. 십의 자리에서 받아올림이 있는 곱셈에 유의하도록 관찰할 필요가 있다.

107

(십 몇)×(몇)(3)

✏️ 공부한 날짜   월   일

문제 1 | ☐ 안에 알맞은 수를 쓰시오.

(1)
```
  1 2
×   3
─────
```

(2)
```
  1 1
×   7
─────
```

(3)
```
  1 4
×   2
─────
```

(4)
```
  1 2
×   6
─────
```

(5)
```
  1 5
×   3
─────
```

(6)
```
  1 4
×   7
─────
```

(7)
```
  1 4
×   8
─────
```

(8)
```
  1 9
×   7
─────
```

(9)
```
  1 8
×   9
─────
```

선생님만 보세요   **문제 1** 앞 차시의 세로식으로 주어진 (십몇)×(몇)의 과정을 확인하는 복습이다.

108

문제 2 | 보기와 같이 계산하시오.

보기

```
    5
  1 8
× 　 7
───────
  1 2 6
```

(1)
```
  1 3
× 　 4
───────
```

(2)
```
  1 7
× 　 6
───────
```

(3)
```
  1 2
× 　 5
───────
```

(4)
```
  1 3
× 　 9
───────
```

(5)
```
  1 7
× 　 2
───────
```

(6)
```
  1 4
× 　 6
───────
```

(7)
```
  1 9
× 　 8
───────
```

(8)
```
  1 9
× 　 9
───────
```

선생님만 보세요　**문제 2** (십몇)×(몇)의 표준 알고리즘을 완성하는 연습문제다.

문제 3 | 다음을 계산하시오.

(1)
$$
\begin{array}{r}
1\ 2 \\
\times\ \ \ 4 \\
\hline
\end{array}
$$

(2)
$$
\begin{array}{r}
1\ 8 \\
\times\ \ \ 5 \\
\hline
\end{array}
$$

(3)
$$
\begin{array}{r}
1\ 3 \\
\times\ \ \ 6 \\
\hline
\end{array}
$$

(4)
$$
\begin{array}{r}
1\ 5 \\
\times\ \ \ 7 \\
\hline
\end{array}
$$

(5)
$$
\begin{array}{r}
1\ 3 \\
\times\ \ \ 3 \\
\hline
\end{array}
$$

(6)
$$
\begin{array}{r}
1\ 4 \\
\times\ \ \ 9 \\
\hline
\end{array}
$$

(7)
$$
\begin{array}{r}
1\ 1 \\
\times\ \ \ 8 \\
\hline
\end{array}
$$

(8)
$$
\begin{array}{r}
1\ 7 \\
\times\ \ \ 2 \\
\hline
\end{array}
$$

(9)
$$
\begin{array}{r}
1\ 8 \\
\times\ \ \ 9 \\
\hline
\end{array}
$$

(10)
$$
\begin{array}{r}
1\ 2 \\
\times\ \ \ 8 \\
\hline
\end{array}
$$

(11)
$$
\begin{array}{r}
1\ 4 \\
\times\ \ \ 2 \\
\hline
\end{array}
$$

(12)
$$
\begin{array}{r}
1\ 9 \\
\times\ \ \ 6 \\
\hline
\end{array}
$$

문제 2 앞의 문제와 같이 곱셈 알고리즘을 익힌다.

(몇)×(십 몇) (1)

✏️ 공부한 날짜　　월　　일

문제 1 | 다음을 계산하시오.

(1)
$$\begin{array}{r} 1\ 9 \\ \times\quad\ 3 \\ \hline \end{array}$$

(2)
$$\begin{array}{r} 1\ 4 \\ \times\quad\ 5 \\ \hline \end{array}$$

(3)
$$\begin{array}{r} 1\ 1 \\ \times\quad\ 4 \\ \hline \end{array}$$

(4)
$$\begin{array}{r} 1\ 8 \\ \times\quad\ 2 \\ \hline \end{array}$$

(5)
$$\begin{array}{r} 1\ 4 \\ \times\quad\ 9 \\ \hline \end{array}$$

(6)
$$\begin{array}{r} 1\ 5 \\ \times\quad\ 8 \\ \hline \end{array}$$

선생님만 보세요　**문제 1** 앞 차시의 (십몇)×(몇)의 곱셈을 세로식에서 연습하는 복습활동이다.

문제 2 | 보기와 같이 빈칸에 알맞은 식과 수를 넣으시오.

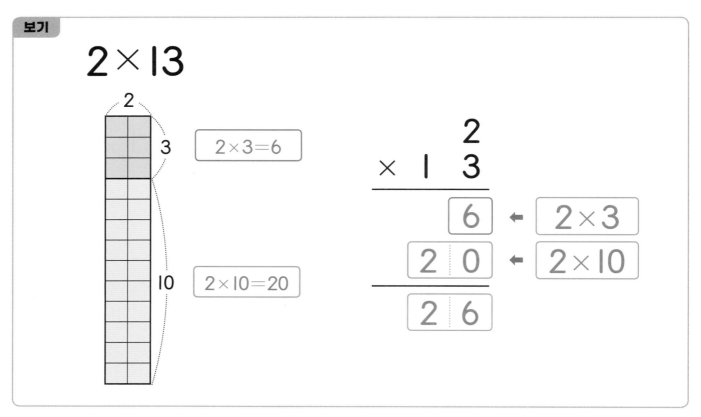

(1)

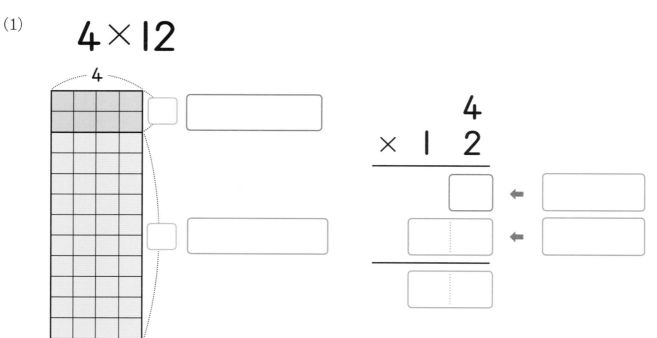

(2)

5 × 13

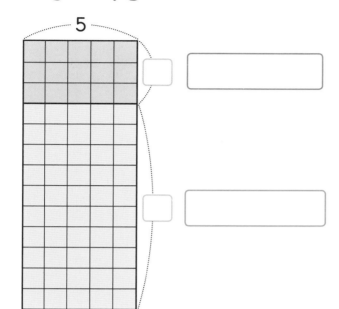

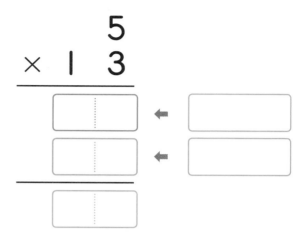

(3)

4 × 15

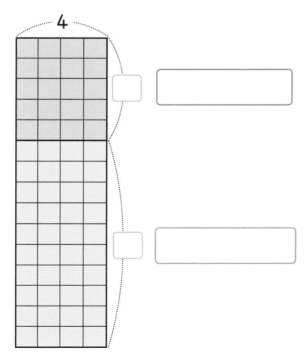

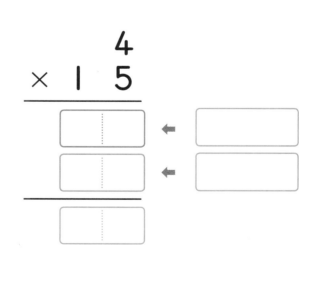

(4)

3×17

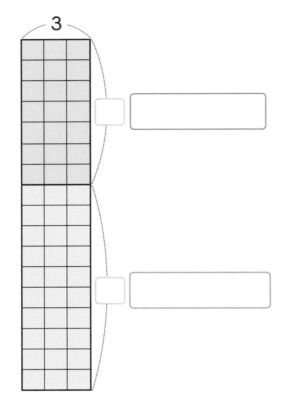

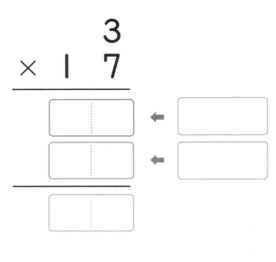

(5)

6×14

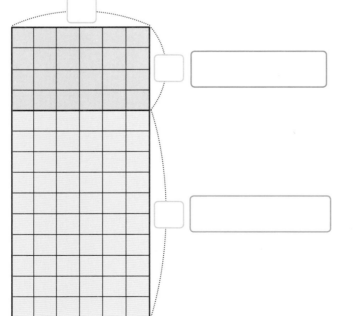

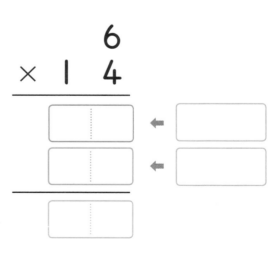

문제 3 | 보기와 같이 ☐ 안에 알맞은 식과 수를 쓰시오.

보기

$$
\begin{array}{r}
7 \\
\times\ 1\ 4 \\
\hline
\end{array}
$$

$$2\ 8 \leftarrow 7 \times 4$$

$$7\ 0 \leftarrow 7 \times 10$$

$$9\ 8$$

→

$$
\begin{array}{r}
{\scriptstyle 2} \\
7 \\
\times\ 1\ 4 \\
\hline
9\ 8
\end{array}
$$

(1)

$$
\begin{array}{r}
4 \\
\times\ 1\ 3 \\
\hline
\end{array}
$$

☐ ← ☐

☐ ← ☐

☐

→

$$
\begin{array}{r}
4 \\
\times\ 1\ 3 \\
\hline
\end{array}
$$

☐

선생님만 보세요 **문제 3** 세로식에서 (몇)×(십몇)의 곱셈 과정을 익힌다. 일의 자리와 십의 자리 곱셈을 구별하는 것이 핵심이다.

(2)

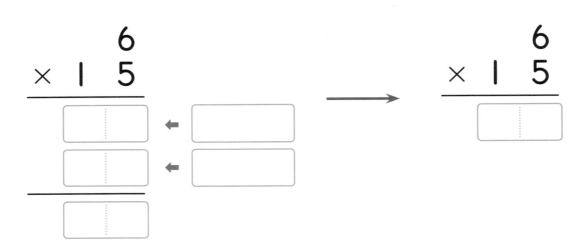

```
      6
  ×  1  5
  ──────────
  [        ]  ◀  [        ]
  [        ]  ◀  [        ]
  ──────────
  [        ]
```

→

```
      6
  ×  1  5
  ──────────
  [        ]
```

(3)

```
      5
  ×  1  7
  ──────────
  [        ]  ◀  [        ]
  [        ]  ◀  [        ]
  ──────────
  [        ]
```

→

```
      5
  ×  1  7
  ──────────
  [        ]
```

(4)

```
      2
  ×  1  9
  ──────────
  [        ]  ◀  [        ]
  [        ]  ◀  [        ]
  ──────────
  [        ]
```

→

```
      2
  ×  1  9
  ──────────
  [        ]
```

(5)

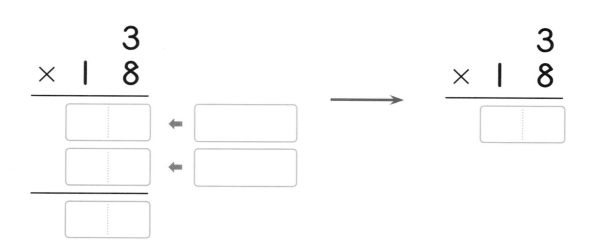

문제 4 | ☐ 안에 알맞은 수를 쓰시오.

보기

```
    2
    4
×  1 6
───────
  6 4
```

(1)

```
    7
×  1 2
───────
```

(2)

```
    4
×  1 4
───────
```

(3)

```
    3
×  1 7
───────
```

(4)

```
    5
×  1 6
───────
```

(5)

```
    5
×  1 9
───────
```

 선생님만 보세요   **문제 4** (몇)×(십몇)의 곱셈을 세로식에서 완성한다. 십의 자리로 받아올림이 있는 곱셈에 유의하도록 관찰할 필요가 있다.

(몇)×(십 몇) (2)

✏️ 공부한 날짜   월   일

문제 1 | ☐ 안에 알맞은 식과 수를 쓰시오.

(1)

$$
\begin{array}{r}
2 \\
\times\ 1\ 7 \\
\hline
\end{array}
$$

(2)

$$
\begin{array}{r}
4 \\
\times\ 1\ 9 \\
\hline
\end{array}
$$

(3)

$$
\begin{array}{r}
5 \\
\times\ 1\ 5 \\
\hline
\end{array}
$$

(4)

$$
\begin{array}{r}
5 \\
\times\ 1\ 9 \\
\hline
\end{array}
$$

(5)

$$
\begin{array}{r}
3 \\
\times\ 1\ 5 \\
\hline
\end{array}
$$

(6)

$$
\begin{array}{r}
8 \\
\times\ 1\ 2 \\
\hline
\end{array}
$$

👨‍🏫 **선생님만 보세요**   **문제 1** 앞 차시의 세로식으로 주어진 곱셈의 복습이다.

문제 2 | 보기와 같이 빈칸에 알맞은 식과 수를 쓰시오.

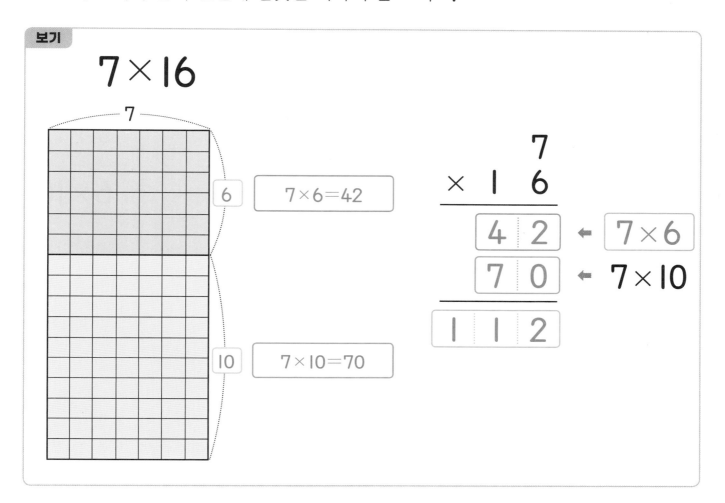

보기

7×16

문제 2 앞의 문제와 같은 형식의 곱셈 (몇)×(십몇)이지만, 결과가 세 자리 수인 것만 다르다. 십의 자리에서 받아올림을 익히며 곱셈 알고리즘 구조를 익힌다.

(1)

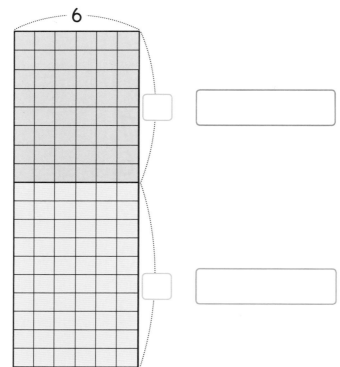

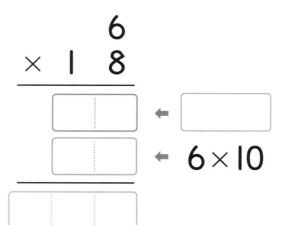

(2) **7 × 15**

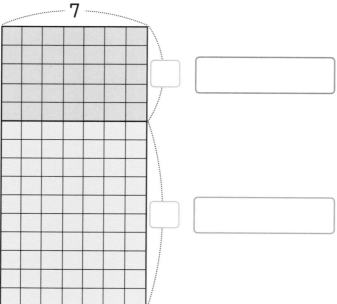

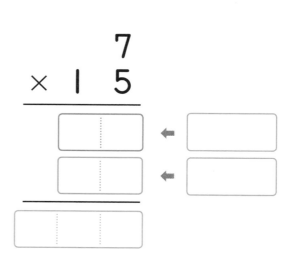

(3)

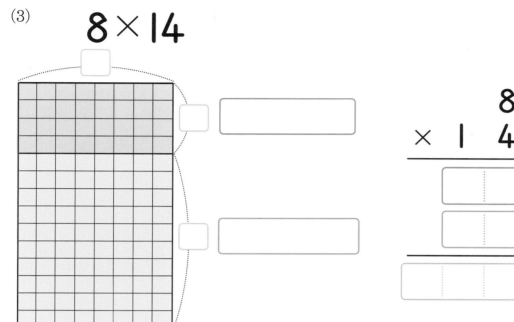

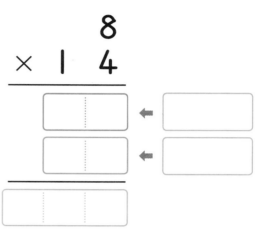

(4)

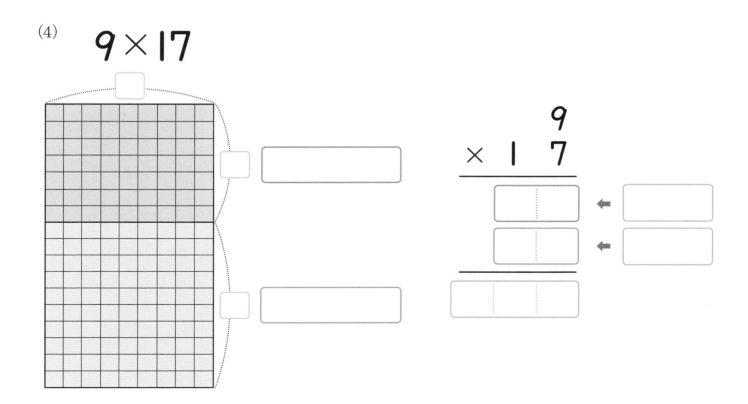

(5)

$$8 \times 19$$

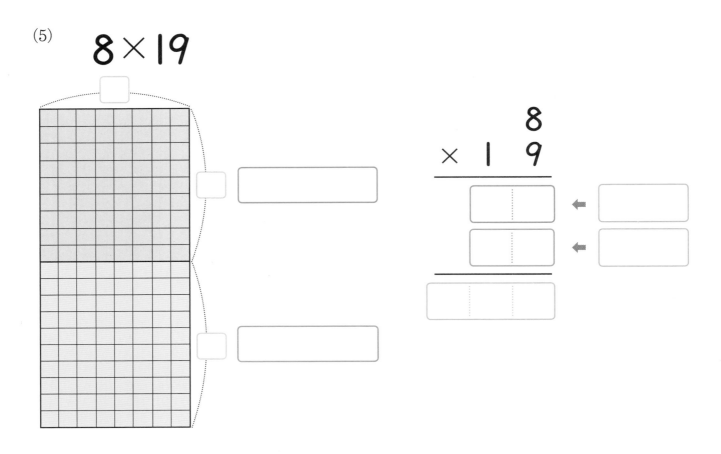

문제 3 | 보기와 같이 ☐ 안에 알맞은 수와 식을 쓰시오.

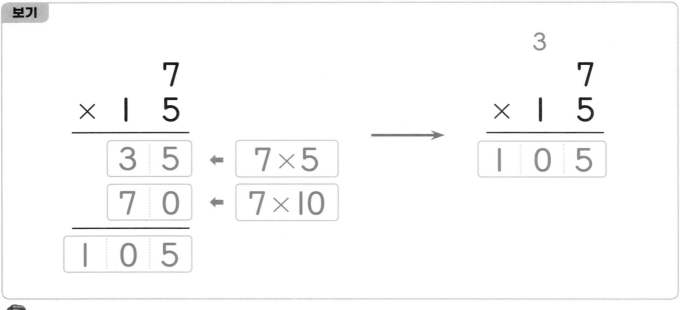

선생님만 보세요   **문제 3** 앞의 문제와 같은 형식으로 세로식 곱셈을 연습한다. 십의 자리에서 받아올림에 유의한다.

122

(1)

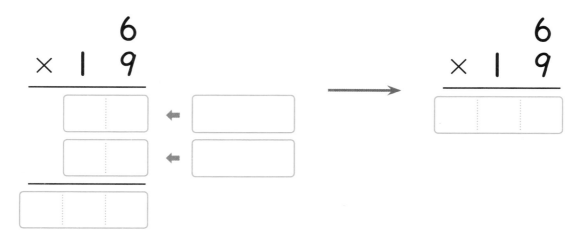

(2)

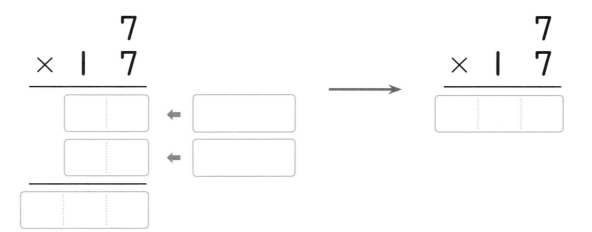

문제 3 앞의 문제와 같은 형식의 곱셈 (몇)×(십몇)이다. 결과가 세 자리 수인 것만 다르다.

(3)

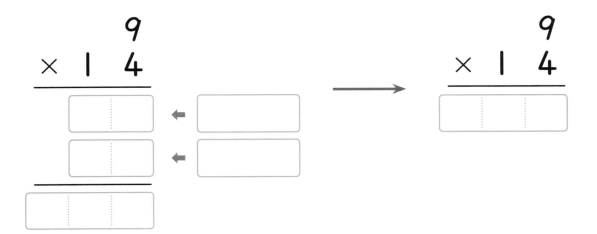

(4)

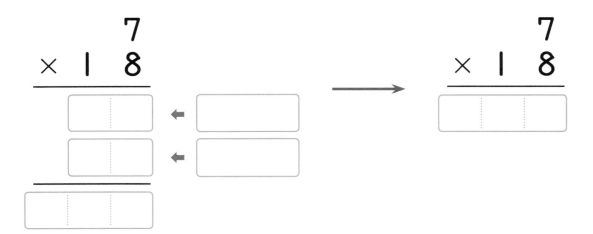

(5)

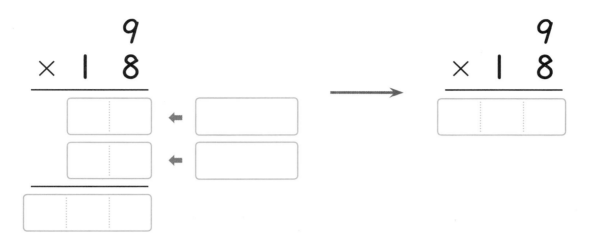

문제 4 | ☐ 안에 알맞은 수를 쓰시오.

보기

$$
\begin{array}{r}
{}^{4}6 \\
\times\ 1\ 7 \\
\hline
1\ 0\ 2
\end{array}
$$

(1)

$$
\begin{array}{r}
8 \\
\times\ 1\ 3 \\
\hline
\end{array}
$$

(2)

$$
\begin{array}{r}
9 \\
\times\ 1\ 2 \\
\hline
\end{array}
$$

(3)

$$
\begin{array}{r}
7 \\
\times\ 1\ 9 \\
\hline
\end{array}
$$

(4)

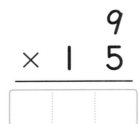

$$
\begin{array}{r}
9 \\
\times\ 1\ 5 \\
\hline
\end{array}
$$

(5)

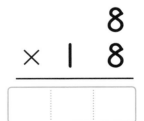

$$
\begin{array}{r}
8 \\
\times\ 1\ 8 \\
\hline
\end{array}
$$

선생님만 보세요   **문제 4** (몇)×(십몇)의 곱셈을 세로식에서 완성한다.

(몇)×(십 몇) (3)

✏️ 공부한 날짜　월　일

문제 1 | 다음을 계산하시오.

(1)
$$
\begin{array}{r}
4 \\
\times\ 1\ 2 \\
\hline
\end{array}
$$

(2)
$$
\begin{array}{r}
6 \\
\times\ 1\ 1 \\
\hline
\end{array}
$$

(3)
$$
\begin{array}{r}
3 \\
\times\ 1\ 3 \\
\hline
\end{array}
$$

(4)
$$
\begin{array}{r}
2 \\
\times\ 1\ 6 \\
\hline
\end{array}
$$

(5)
$$
\begin{array}{r}
5 \\
\times\ 1\ 3 \\
\hline
\end{array}
$$

(6)
$$
\begin{array}{r}
4 \\
\times\ 1\ 7 \\
\hline
\end{array}
$$

(7)
$$
\begin{array}{r}
4 \\
\times\ 1\ 8 \\
\hline
\end{array}
$$

(8)
$$
\begin{array}{r}
9 \\
\times\ 1\ 7 \\
\hline
\end{array}
$$

(9)
$$
\begin{array}{r}
8 \\
\times\ 1\ 9 \\
\hline
\end{array}
$$

문제 1 앞 차시의 세로식으로 주어진 (몇)×(십몇)의 과정을 확인하는 복습이다.

문제 2 | 보기와 같이 계산하시오.

보기

```
        5
      8
  ×  1 7
  ---------
  1 3 6
```

(1)
```
      3
  ×  1 4
  ---------
```

(2)
```
      7
  ×  1 6
  ---------
```

(3)
```
      2
  ×  1 5
  ---------
```

(4)
```
      3
  ×  1 9
  ---------
```

(5)
```
      7
  ×  1 2
  ---------
```

(6)
```
      4
  ×  1 6
  ---------
```

(7)
```
      9
  ×  1 7
  ---------
```

(8)
```
      9
  ×  1 8
  ---------
```

 선생님만 보세요   **문제 2** (몇)×(십몇)의 표준 알고리즘을 완성하는 문제다.

문제 3 | 다음을 계산하시오.

(1)
```
        2
×   1   4
─────────
```

(2)
```
        8
×   1   5
─────────
```

(3)
```
        3
×   1   6
─────────
```

(4)
```
        5
×   1   7
─────────
```

(5)
```
        3
×   1   3
─────────
```

(6)
```
        4
×   1   9
─────────
```

(7)
```
        6
×   1   1
─────────
```

(8)
```
        7
×   1   2
─────────
```

(9)
```
        8
×   1   9
─────────
```

(10)
```
        2
×   1   8
─────────
```

(11)
```
        4
×   1   5
─────────
```

(12)
```
        9
×   1   9
─────────
```

 **선생님만 보세요** **문제 3** 앞의 문제와 같이 곱셈 (몇)×(십몇)의 표준 알고리즘을 완성하고 연습한다.

3학년 두 자리 수 곱셈 지도의 순서

3학년 곱셈의 최종 목표는 두 자리 수 곱셈의 표준 알고리즘을 완성하는 것이다. 예를 들어 두 자리 수의 곱셈인 48×37을 다음과 같은 순서에 따라 실행할 수 있는 능력을 갖추는 것이다.

① 식을 세로로 쓴다.

② 일의 자리 수인 8과 7을 곱한 결과인 십의 자리 수 5는 위에, 일의 자리 수 6은 같은 자리에 내려 쓴다.

③ 십의 자리 수 40과 일의 자리 수 7을 곱해 얻은 280과 ②에서 써두었던 숫자 50을 더한 330을 각각의 자리에 쓴다.

④ 같은 곱셈을 곱하는 수 30에 대하여 똑같이 실행하여 얻은 1440과 ③에서 얻은 336을 더하여 최종 곱셈 결과인 1776을 얻는다.

$$
\begin{array}{r}
{\scriptstyle 2\ 5} \\
4\ 8 \\
\times\ 3\ 7 \\
\hline
3\ 3\ 6 \\
1\ 4\ 4\ 0\ \ \\
\hline
1\ 7\ 7\ 0\ \ \\
\end{array}
$$

물론 이 알고리즘을 처음부터 제시하는 것은 아니다. 2학년에서 배운 곱셈구구, 즉 한 자리 수끼리의 곱셈을 토대로 아이들이 단계별로 습득할 수 있도록 제시되어야 한다. 이를 위해 현재 초등학교 교육과정에 따라 3학년 1학기 곱셈학습을 다음과 같은 순서로 진행하고 있다.

（몇십×몇）: 20×2

→ （몇십 몇×몇 ①）: 31×3

→ （몇십 몇×몇 ②）: 26×3

그러나 『생각하는 초등연산』 6권에서는 다음과 같이 세분화하여 점진적인 단계의 학습이 가능하도록 하였다.

（십몇×몇）: 13×2와 17×5

→ （몇×십몇）: 3×12와 7×15

→ （몇십 몇×몇 ①）: 52×3

→ （몇십 몇×몇 ②）: 24×9

→ （몇×몇십 몇 ①）: 3×43

→ （몇×몇십 몇 ②）: 7×38

다시 말하면, 1학기에 두 자리 수와 한 자리 수의 곱셈은 물론 한 자리 수와 두 자리 수의 곱셈까지 모두 익히도록 하였다. 이 과정 또한 두 단계로 세분화하였는데, 즉 （십몇）×（몇）과 （몇）×（십몇）의 곱셈을 익히고 나서 그 다음 단계에서 （십몇）을 일반적인 두 자리 수로 확대하는 두 단계로 제시한 것이다.

그 이유는, 『생각하는 초등연산』이 강조하는 것은

두 자리 수의 곱셈이라는 단순 기능의 습득이 아니기 때문이다. 즉, 두 자리 수 곱셈에 들어 있는 수학적 원리를 이해하는 것이 핵심이며, 이는 다름 아닌 분배법칙을 말한다.

분배법칙의 직관적 이해

곱셈에 대한 '분배법칙'은 다음 식에서 확인할 수 있다.

$$23 \times 4 = (20+3) \times 4$$
$$= 20 \times 4 + 3 \times 4$$
$$= 80+12$$
$$= 92$$

위의 식의 두 번째 줄에서 곱하는 수 4를 (20+4)의 괄호 안으로 각각 '분배'하여 $20 \times 4 + 3 \times 4$를 얻었는데, 이를 '분배법칙'이라고 한다.

이 과정을 세로식으로 나타내면 다음과 같다.

$$
\begin{array}{r}
2\ 3 \\
\times\quad 4 \\
\hline
1\ 2 \\
8\ 0 \\
\hline
9\ 2
\end{array}
$$

→ (1) 23=20+3 두 자리 수 23을 십과 일의 자리로 구분

→ (2) 3×4=12 23의 일의 자리 3에 4를 곱하기

→ (2) 3×4=12 23의 일의 자리 3에 4를 곱하기

한편, 분배법칙은 직사각형 넓이 구하기를 통해 눈으로 확인할 수 있다. 오른쪽 그림에서 전체 직사각형의 가로 길이는 A, 세로 길이는 B+C이므로 넓이는 다음과 같다.

① (전체 직사각형의 넓이) = (가로)×(세로) =A×(B+C)

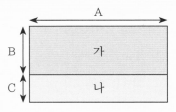

그런데 전체 직사각형을 구성하는 두 개의 직사각형 A와 B의 넓이는 다음과 같다.

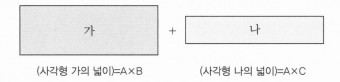

(사각형 가의 넓이)=A×B   (사각형 나의 넓이)=A×C

② (전체 직사각형의 넓이) = (사각형 가의 넓이)+(사각형 나의 넓이) = A×B + A×C

이 두 직사각형의 넓이를 더하면 전체 직사각형 넓이와 같으므로, 즉 ①과 ②는 같으므로 다음 식이 성립한다.

A×(B+C) = (전체 직사각형의 넓이)

= (사각형 가의 넓이) + (사각형 나의 넓이)

= A×B + A×C

A×(B+C) = A×B + A×C

따라서 이와 같은 곱셈에 대한 분배법칙의 이해가 전제되어야 두 자리 수의 곱셈을 제대로 이해할 수 있다는 것이 우리의 관점이다. 하지만 아직 넓이를 배우지도 않은 아이들에게 이를 어떻게 알려줄 수 있을까? 2차시에 제시된 직사각형 내부에 있는 정사각형 모눈의 개수 구하기가 그 대안이다. 그림을 통해 분배법칙을 직관적으로 이해하면 충분하기 때문이다.

이 연산 프로그램에서 우리의 목표는 아이들이 단순히 곱셈의 답을 구하는 것에 그치는 것이 아니라, 곱셈 알고리즘이 어떻게 만들어졌는지 그 과정을 스스로 발견하고 이해하는 것이 핵심이다. 이를 반영하기 위해 직사각형 모델과 세로식에서의 곱셈 과정을 비교하도록 한 것이야말로 교과서를 비롯한 전통적인 연산 학습과 구별되는 가장 큰 차이점이다.

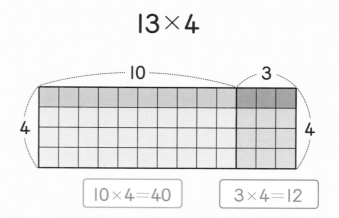

7 일차 · (몇십)×(몇)

문제 1 | 다음을 계산하시오.

(1)
```
    1 7
  ×   2
  ───────
```

(2)
```
    1 5
  ×   3
  ───────
```

(3)
```
    1 6
  ×   5
  ───────
```

(4)
```
      7
  × 1 6
  ───────
```

(5)
```
      5
  × 1 9
  ───────
```

(6)
```
      7
  × 1 8
  ───────
```

문제 2 | 보기와 같이 ☐ 안에 알맞은 수를 쓰시오.

보기

$$6 \times 2 = \boxed{12} = \boxed{6+6}$$

$$60 \times 2 = \boxed{120} = \boxed{60+60}$$

선생님만 보세요   **문제 1** 세로식으로 주어진 (십몇)×(몇)과 (몇)×(십몇)의 곱셈 복습이다.

(1)

$5 \times 3 =$ ☐ $=$ ☐

$50 \times 3 =$ ☐ $=$ ☐

(2)

$9 \times 5 =$ ☐ $=$ ☐

$90 \times 5 =$ ☐ $=$ ☐

(3)

$6 \times 4 =$ ☐ $=$ ☐

$60 \times 4 =$ ☐ $=$ ☐

(4)

$8 \times 2 =$ ☐ $=$ ☐

$80 \times 2 =$ ☐ $=$ ☐

선생님만 보세요

문제 2 6×2의 값을 곱셈구구 암기에 의해 구할 수 있지만, 6을 2번 더한다는 동수누가의 원리에 의해 그 값을 다시 한 번 확인한다.
이를 토대로 60×2의 값을 구하며 한자리 수의 곱셈과 비교하여 일의 자리에 0이 들어가는 패턴을 발견한다.

(5)

$7 \times 5 =$ ☐ $=$ ☐

$70 \times 5 =$ ☐ $=$ ☐

문제 3 | 보기와 같이 ☐ 안에 알맞은 수를 쓰시오.

보기

$$\begin{array}{r} 7\ 0 \\ \times\ \ \ 3 \\ \hline 2\ 1\ 0 \end{array}$$

(1)
$$\begin{array}{r} 6\ 0 \\ \times\ \ \ 9 \\ \hline \end{array}$$

(2)
$$\begin{array}{r} 3\ 0 \\ \times\ \ \ 5 \\ \hline \end{array}$$

(3)
$$\begin{array}{r} 9\ 0 \\ \times\ \ \ 2 \\ \hline \end{array}$$

(4)
$$\begin{array}{r} 5\ 0 \\ \times\ \ \ 6 \\ \hline \end{array}$$

(5)
$$\begin{array}{r} 4\ 0 \\ \times\ \ \ 8 \\ \hline \end{array}$$

선생님만 보세요 **문제 3** 앞에 제시되었던 (몇십)×(몇)을 세로식으로 나타내어 그 값을 한 자리 수의 곱셈과 비교한다.

(6)
$$\begin{array}{r} 3\ 0 \\ \times\quad 7 \\ \hline \end{array}$$

(7)
$$\begin{array}{r} 6\ 0 \\ \times\quad 8 \\ \hline \end{array}$$

(8)
$$\begin{array}{r} 7\ 0 \\ \times\quad 4 \\ \hline \end{array}$$

문제 4 | 보기와 같이 ☐ 안에 알맞은 식과 수를 쓰시오.

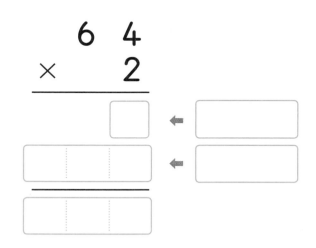

보기

$$\begin{array}{r} 5\ 2 \\ \times\quad 3 \\ \hline \end{array}$$
$\boxed{6} \leftarrow \boxed{2 \times 3}$
$\boxed{1\ 5\ 0} \leftarrow \boxed{50 \times 3}$
$\boxed{1\ 5\ 6}$

(1)
$$\begin{array}{r} 6\ 4 \\ \times\quad 2 \\ \hline \end{array}$$

(2)

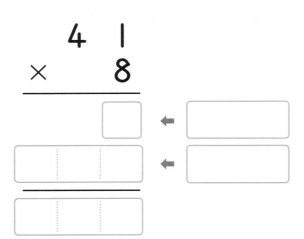

(3)

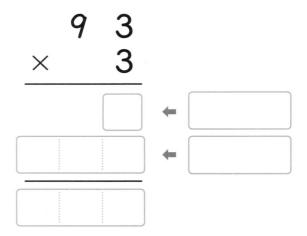

(4)

$$\begin{array}{r} 7\ 2 \\ \times\ \ 3 \\ \hline \end{array}$$

(5)

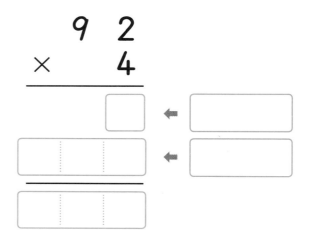

🖉 공부한 날짜   월   일

문제 1 | ☐ 안에 알맞은 수를 쓰시오.

(1)

```
    3 1
  ×   6
```

(2)

```
    9 3
  ×   2
```

(3)

```
    4 2
  ×   3
```

(4)

```
    5 4
  ×   2
```

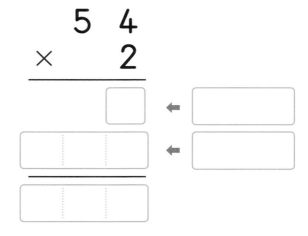

선생님만 보세요   **문제 1** (몇십)×(몇)인 앞 차시 활동의 복습이다. 일의 자리에서 받아올림이 없는 곱셈만 제시되어 있다.

137

문제 2 | 보기와 같이 ☐ 안에 알맞은 수를 쓰시오.

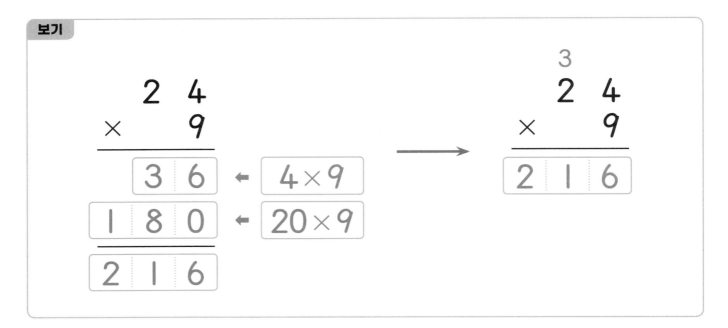

보기

$$\begin{array}{r} 2\ 4 \\ \times\quad 9 \\ \hline \end{array}$$

$3\ 6$ ← 4×9

$1\ 8\ 0$ ← 20×9

$2\ 1\ 6$

→

$$\begin{array}{r} \overset{3}{}\\ 2\ 4 \\ \times\quad 9 \\ \hline 2\ 1\ 6 \end{array}$$

(1)

$$\begin{array}{r} 3\ 2 \\ \times\quad 6 \\ \hline \end{array}$$

☐ ← ☐

☐ ← ☐

☐

→

$$\begin{array}{r} 3\ 2 \\ \times\quad 6 \\ \hline \end{array}$$

☐

선생님만 보세요 **문제 2** (몇십 몇)×(몇이라는)일반적인 두 자리 수와 한자리 수의 곱셈 절차를 제시된 세로식에서 연습한다. 이미 앞에서 익혔던 (십 몇)×(몇)과 같이 일의 자리와 십의 자리의 곱을 각각 더하는 것을 익힌다.

138

(2)

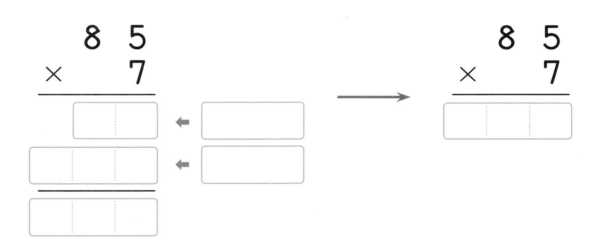

(3)

(4)

(5)

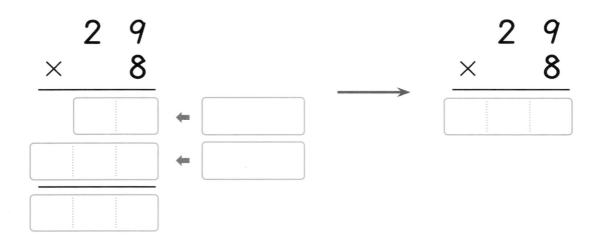

(6)

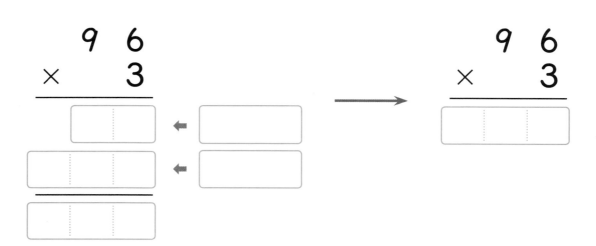

문제 3 | ☐ 안에 알맞은 수를 쓰시오.

보기

```
      2
    6   4
  ×     6
  ─────────
  3   8   4
```

(1)
```
    2   4
  ×     8
  ─────────
```

(2)
```
    9   3
  ×     5
  ─────────
```

(3)
```
    4   6
  ×     9
  ─────────
```

(4)
```
    8   7
  ×     6
  ─────────
```

(5)
```
    4   2
  ×     7
  ─────────
```

선생님만 보세요   **문제 3** 앞의 문제에서 익힌 (몇십 몇)×(몇)이라는 일반적인 두 자리 수와 한자리 수의 곱셈을 완성한다.

141

(몇십 몇)×(몇) (2)

✎ 공부한 날짜   월   일

문제 1 | 다음을 계산하시오.

(1)
```
    3 2
  ×   3
  ─────
```

(2)
```
    2 1
  ×   4
  ─────
```

(3)
```
    7 4
  ×   2
  ─────
```

(4)
```
    8 1
  ×   5
  ─────
```

(5)
```
    6 5
  ×   3
  ─────
```

(6)
```
    2 4
  ×   7
  ─────
```

(7)
```
    6 4
  ×   8
  ─────
```

(8)
```
    7 9
  ×   7
  ─────
```

(9)
```
    3 8
  ×   9
  ─────
```

 **선생님만 보세요**   **문제 1** 앞에서 익혔던 두 자리 수와 한 자리 수의 곱셈 과정을 세로식에서 다시 한 번 확인한다.

문제 2 | 보기와 같이 계산하시오.

보기

```
    5
  5 8
× 　 7
───────
│4 0 6│
```

(1)
```
  3 5
× 　 4
───────
```

(2)
```
  2 7
× 　 6
───────
```

(3)
```
  2 5
× 　 5
───────
```

(4)
```
  5 6
× 　 9
───────
```

(5)
```
  8 9
× 　 2
───────
```

(6)
```
  4 3
× 　 7
───────
```

(7)
```
  2 9
× 　 8
───────
```

(8)
```
  6 9
× 　 9
───────
```

선생님만 보세요   **문제 2** 문제(1)과 다르지 않다.

문제 3 | 다음을 계산하시오.

(1)

$$\begin{array}{r} 5\ 2 \\ \times\ \ \ 4 \\ \hline \end{array}$$

(2)

$$\begin{array}{r} 6\ 3 \\ \times\ \ \ 5 \\ \hline \end{array}$$

(3)

$$\begin{array}{r} 7\ 3 \\ \times\ \ \ 6 \\ \hline \end{array}$$

(4)

$$\begin{array}{r} 8\ 5 \\ \times\ \ \ 7 \\ \hline \end{array}$$

(5)

$$\begin{array}{r} 3\ 4 \\ \times\ \ \ 3 \\ \hline \end{array}$$

(6)

$$\begin{array}{r} 2\ 5 \\ \times\ \ \ 8 \\ \hline \end{array}$$

(7)

$$\begin{array}{r} 3\ 1 \\ \times\ \ \ 4 \\ \hline \end{array}$$

(8)

$$\begin{array}{r} 4\ 7 \\ \times\ \ \ 2 \\ \hline \end{array}$$

(9)

$$\begin{array}{r} 3\ 4 \\ \times\ \ \ 9 \\ \hline \end{array}$$

(10)

$$\begin{array}{r} 4\ 2 \\ \times\ \ \ 8 \\ \hline \end{array}$$

(11)

$$\begin{array}{r} 5\ 8 \\ \times\ \ \ 7 \\ \hline \end{array}$$

(12)

$$\begin{array}{r} 2\ 5 \\ \times\ \ \ 9 \\ \hline \end{array}$$

선생님만 보세요 **문제 3** 문제(2)와 다르지 않다. 중간 과정을 생략한 곱셈 알고리즘의 완성이다.

(몇십 몇)×(몇)(3)

✏️ 공부한 날짜   월   일

문제 1 | 다음을 계산하시오.

(1)
$$\begin{array}{r} 5\ 2 \\ \times\quad 7 \\ \hline \end{array}$$

(2)
$$\begin{array}{r} 3\ 5 \\ \times\quad 8 \\ \hline \end{array}$$

(3)
$$\begin{array}{r} 4\ 9 \\ \times\quad 4 \\ \hline \end{array}$$

(4)
$$\begin{array}{r} 9\ 7 \\ \times\quad 6 \\ \hline \end{array}$$

(5)
$$\begin{array}{r} 2\ 8 \\ \times\quad 8 \\ \hline \end{array}$$

(6)
$$\begin{array}{r} 7\ 8 \\ \times\quad 9 \\ \hline \end{array}$$

문제 2 | 보기와 같이 ☐ 안에 알맞은 수를 쓰시오.

보기

$$2 \times 3 = \boxed{6}$$

$$20 \times 3 = \boxed{60}$$

$$2 \times 30 = \boxed{60}$$

(1)
$$4 \times 2 = \boxed{}$$

$$40 \times 2 = \boxed{}$$

$$4 \times 20 = \boxed{}$$

 **선생님만 보세요**

문제 1 두 자리 수와 한 자리 수의 곱에 대한 복습활동이다.

문제 2 한자리 수의 곱셈 2×3에서 20×3과 2×30의 값을 유추하는 문제다. 아무 것도 없음을 뜻하는 0의 새로운 역할에 주목한다.
즉, 0이 하나씩 늘어날 때마다 수의 크기가 열 배가 된다는 것을 확인한다.

(2)

$2 \times 8 = \boxed{}$

$20 \times 8 = \boxed{}$

$2 \times 80 = \boxed{}$

(3)

$3 \times 9 = \boxed{}$

$30 \times 9 = \boxed{}$

$3 \times 90 = \boxed{}$

(4)

$5 \times 7 = \boxed{}$

$50 \times 7 = \boxed{}$

$5 \times 70 = \boxed{}$

(5)

$8 \times 6 = \boxed{}$

$80 \times 6 = \boxed{}$

$8 \times 60 = \boxed{}$

문제 3 | 보기와 같이 ☐ 안에 알맞은 수를 쓰시오.

보기

$$
\begin{array}{r}
6 \\
\times\ 4\ 0 \\
\hline
2\ 4\ 0
\end{array}
$$

(1)

$$
\begin{array}{r}
7 \\
\times\ 8\ 0 \\
\hline

\end{array}
$$

(2)

$$
\begin{array}{r}
2 \\
\times\ 9\ 0 \\
\hline

\end{array}
$$

 선생님만 보세요 **문제 3** (몇)×(몇십)을 세로셈에서 구한다. 한 자리 수의 곱셈, 즉 곱셈구구의 값에 일의 자리의 0이 결합되는 패턴을 확인한다.

146

(3)

$$\begin{array}{r} 3 \\ \times\ 4\ 0 \\ \hline \end{array}$$

(4)

$$\begin{array}{r} 2 \\ \times\ 8\ 0 \\ \hline \end{array}$$

(5)

$$\begin{array}{r} 8 \\ \times\ 5\ 0 \\ \hline \end{array}$$

(6)

$$\begin{array}{r} 7 \\ \times\ 7\ 0 \\ \hline \end{array}$$

(7)

$$\begin{array}{r} 5 \\ \times\ 9\ 0 \\ \hline \end{array}$$

(8)

$$\begin{array}{r} 9 \\ \times\ 6\ 0 \\ \hline \end{array}$$

문제 4 | 보기와 같이 ☐ 안에 알맞은 수와 식을 쓰시오.

보기

$$\begin{array}{r} 3 \\ \times\ 4\ 2 \\ \hline \end{array}$$

| 6 | ← | 3×2 |
| 1 2 0 | ← | 3×40 |

1 2 6

(1)

$$\begin{array}{r} 2 \\ \times\ 5\ 4 \\ \hline \end{array}$$

 **선생님만 보세요**

문제 4 (몇)×(몇십 몇)의 세로셈이다. 앞 차시에서 익혔던 (몇십 몇)×(몇)과 같이 일과 십의 자리의 곱셈을 각각 실행한 후에 더하는 과정을 순서대로 익힌다.

(2)

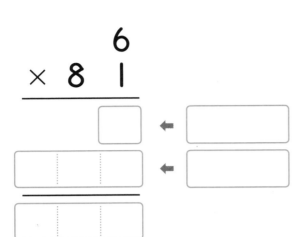

(3)

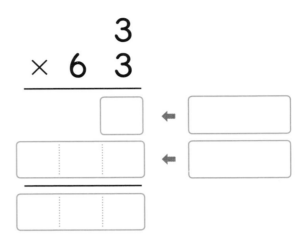

(4)

$$\begin{array}{r} 4 \\ \times\ 7\ 2 \\ \hline \end{array}$$

(5)

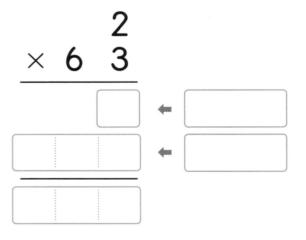

(몇)×(몇십 몇) (1)

문제 1 | 다음을 계산하시오.

(1)

$$
\begin{array}{r}
8 \\
\times\ 7\ 1 \\
\hline
\end{array}
$$

(2)

$$
\begin{array}{r}
2 \\
\times\ 9\ 2 \\
\hline
\end{array}
$$

(3)

$$
\begin{array}{r}
8 \\
\times\ 2\ 1 \\
\hline
\end{array}
$$

(4)

$$
\begin{array}{r}
3 \\
\times\ 5\ 2 \\
\hline
\end{array}
$$

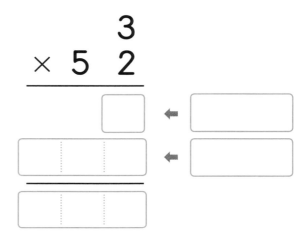

선생님만 보세요   **문제 1** 앞에서 익혔던 (몇)×(몇십 몇)의 과정을 세로식에서 다시 한 번 확인한다.

문제 2 | 보기와 같이 ☐ 안에 알맞은 수를 쓰시오.

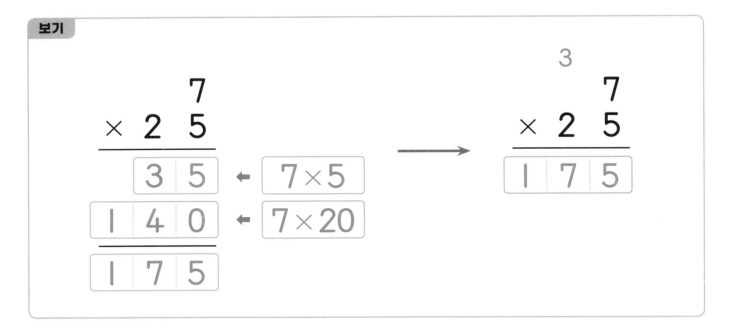

보기

```
        7
  ×   2 5
  ─────────
    3 5    ← 7×5
  1 4 0    ← 7×20
  ─────────
  1 7 5
```

→

```
      3
        7
  ×   2 5
  ─────────
  1 7 5
```

(1)

```
        6
  ×   2 5
  ─────────
  [   ]    ← [      ]
  [   ]    ← [      ]
  ─────────
  [   ]
```

→

```
        6
  ×   2 5
  ─────────
  [   ]
```

선생님만 보세요   **문제 2** 일반적인 한 자리 수와 두 자리 수의 곱셈 절차를 제시된 세로식에서 연습한다. (몇)×(몇십 몇)의 곱셈을 이미 앞 차시에 익힌 바 있다. 제시된 숫자의 크기가 조금 더 크다는 것이 다르다.

(2)

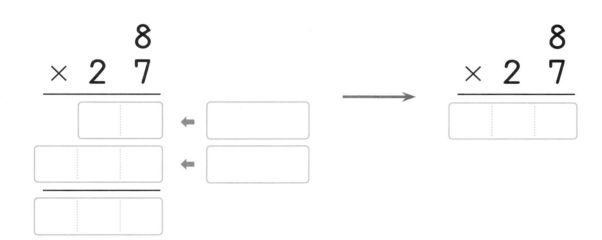

(3)

(4)

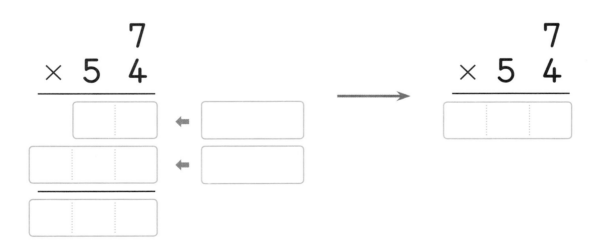

(5)

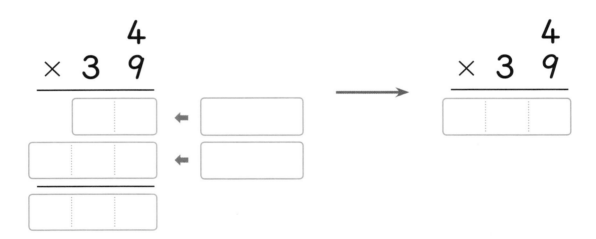

(6)

(7)

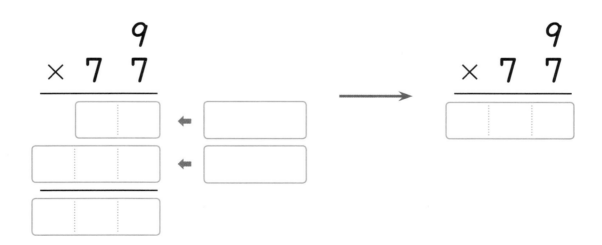

문제 3 | 보기와 같이 ☐ 안에 알맞은 수를 쓰시오.

보기

```
    |
      6
  ×  5 2
  3 1 2
```

(1)
```
      5
  ×  4 8
```

(2)
```
      7
  ×  5 4
```

(3)
```
      6
  ×  7 5
```

(4)
```
      6
  ×  8 7
```

(5)
```
      3
  ×  6 9
```

선생님만 보세요 **문제 3** 앞의 문제와 다르지 않다. 다만 중간 과정을 생략하고 곱셈 알고리즘을 완성하는 것이 다르다.

153

(몇)×(몇십 몇) (2)

문제 1 | 다음을 계산하시오.

(1)
$$\begin{array}{r} 2 \\ \times\ 4\ 3 \\ \hline \end{array}$$

(2)
$$\begin{array}{r} 3 \\ \times\ 3\ 1 \\ \hline \end{array}$$

(3)
$$\begin{array}{r} 3 \\ \times\ 7\ 3 \\ \hline \end{array}$$

(4)
$$\begin{array}{r} 2 \\ \times\ 9\ 4 \\ \hline \end{array}$$

(5)
$$\begin{array}{r} 4 \\ \times\ 5\ 6 \\ \hline \end{array}$$

(6)
$$\begin{array}{r} 5 \\ \times\ 2\ 8 \\ \hline \end{array}$$

(4)
$$\begin{array}{r} 9 \\ \times\ 4\ 3 \\ \hline \end{array}$$

(5)
$$\begin{array}{r} 8 \\ \times\ 3\ 8 \\ \hline \end{array}$$

(6)
$$\begin{array}{r} 9 \\ \times\ 2\ 6 \\ \hline \end{array}$$

선생님만 보세요   **문제 1** (몇)×(몇십 몇)이라는 한 자리 수와 두 자리 수의 곱셈을 구하는 앞 차시의 복습이다.

문제 2 | 보기와 같이 계산하시오.

보기

```
    4
    8
×  2 6
─────
  2 0 8
```

(1)
```
    3
×  5 4
─────
```

(2)
```
    2
×  6 9
─────
```

(3)
```
    7
×  3 2
─────
```

(4)
```
    5
×  2 9
─────
```

(5)
```
    4
×  7 5
─────
```

(6)
```
    8
×  6 3
─────
```

(7)
```
    9
×  5 8
─────
```

(8)
```
    6
×  4 9
─────
```

문제 2 (몇)×(몇십 몇)의 곱셈을 연습한다. 일의 자리 곱셈에서 받아올림한 값을 십의 자리에 직접 표기해야 한다.

문제 3 | 다음을 계산하시오.

(1)

```
      2
×   5 7
─────────
```

(2)

```
      8
×   2 2
─────────
```

(3)

```
      4
×   2 3
─────────
```

(4)

```
      9
×   2 4
─────────
```

(5)

```
      3
×   3 8
─────────
```

(6)

```
      4
×   4 9
─────────
```

(7)

```
      5
×   7 8
─────────
```

(8)

```
      7
×   4 1
─────────
```

(9)

```
      8
×   3 9
─────────
```

(10)

```
      3
×   8 2
─────────
```

(11)

```
      6
×   3 4
─────────
```

(12)

```
      9
×   9 9
─────────
```

 선생님만 보세요   **문제 3** 앞의 문제와 같은 형태로 세로셈 연습이다.

✏️ 공부한 날짜　　월　　일

문제 1 | 보기와 같이 ☐ 안에 알맞은 수를 쓰시오.

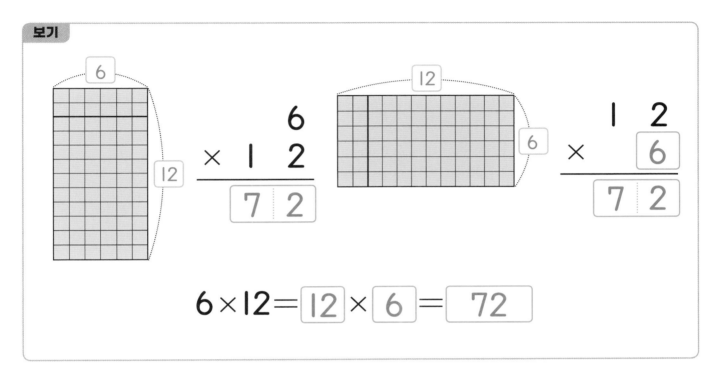

(1)

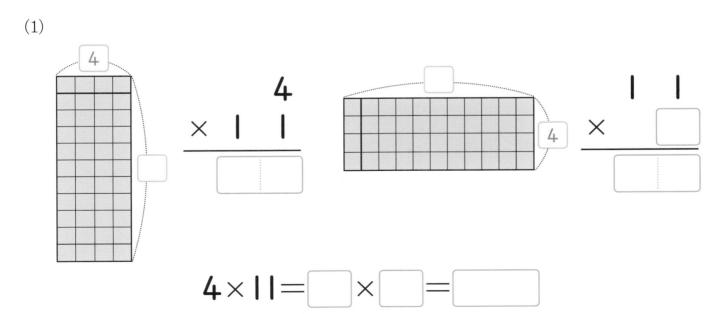

(2)

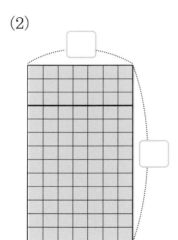

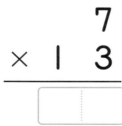

$$\begin{array}{r} 7 \\ \times\ 1\ 3 \\ \hline \boxed{} \end{array}$$

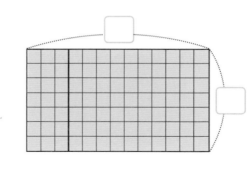

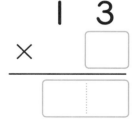

$$\begin{array}{r} 1\ 3 \\ \times\ \boxed{} \\ \hline \boxed{} \end{array}$$

$$7 \times 13 = \boxed{} \times \boxed{} = \boxed{}$$

(3)

$$\begin{array}{r} 3 \\ \times\ 2\ 6 \\ \hline \boxed{} \end{array} \qquad \begin{array}{r} \boxed{} \\ \times\ \boxed{} \\ \hline \boxed{} \end{array}$$

$$3 \times 26 = \boxed{} \times \boxed{} = \boxed{}$$

(4)

$$\begin{array}{r} 5 \\ \times\ 4\ 2 \\ \hline \boxed{} \end{array} \qquad \begin{array}{r} \boxed{} \\ \times\ \boxed{} \\ \hline \boxed{} \end{array}$$

$$5 \times 42 = \boxed{} \times \boxed{} = \boxed{}$$

문제 2 | 보기와 같이 빈칸에 알맞은 수를 쓰세요.

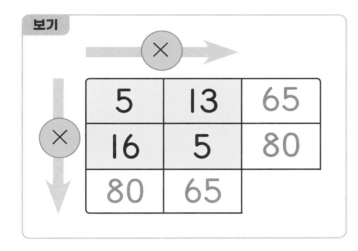

(1)

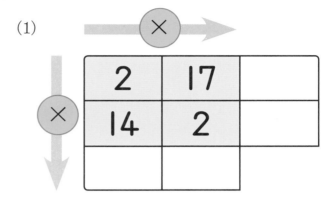

(2)

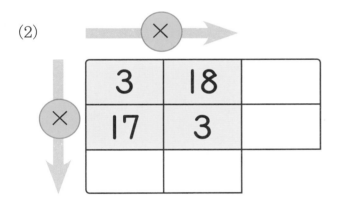

(3)

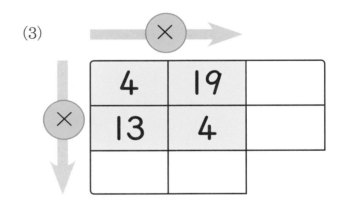

문제 3 | 보기와 같이 빈칸에 알맞은 수를 쓰세요.

보기

×	2	5	20	50	25	52
3	6	15	60	150	75	156

선생님만 보세요

문제 2 보기에서 곱셈문제임을 먼저 파악해야 한다.

(1)

×	4	9	40	49	90	94
2						

(2)

×	2	8	20	28	80	82
6						

(3)

×	5	7	50	57	70	75
4						

(4)

×	3	5	30	35	50	53
8						

선생님만 보세요

문제 3 빈칸을 채우며 몇 배인가를 구할 때 곱셈이 활용되는 것을 체험한다. 이와 같은 표 만들기는 6학년과 중학교에서 비례식을 배울 때 유용하다.

여러 가지 곱셈 문제

✏️ 공부한 날짜   월   일

문제 1 | 보기와 같이 틀린 문제를 고치시오.

보기

```
    |
  4 6
×   2
─────
  8 2
  9̸
```

(1)
```
  2 5
×   3
─────
6 1 5
```

(2)
```
  1 7
×   4
─────
  3 8
```

(3)
```
  3 6
×   8
─────
2 4 8
```

(4)
```
  2 4
×   9
─────
1 8 6
```

(5)
```
  4 8
×   7
─────
3 2 6
```

(6)
```
  5 9
×   2
─────
  2 8
```

(7)
```
  9 3
×   4
─────
3 6 7
```

(8)
```
  8 2
×   5
─────
5 0 0
```

 **문제 1** (몇십몇×몇)의 곱셈 연습이다.

문제 2 | 보기와 같이 틀린 문제를 고치시오.

보기

```
    4
      6
  × 3 7
  ─────
  ╱ 2 2
  2
```

(1)
```
      4
  × 2 3
  ─────
  8 1 2
```

(2)
```
      2
  × 1 9
  ─────
  2 1 8
```

(3)
```
      7
  × 3 5
  ─────
  2 3 5
```

(4)
```
      8
  × 6 4
  ─────
  4 1 2
```

(5)
```
      9
  × 4 6
  ─────
  3 6 4
```

(6)
```
      3
  × 3 7
  ─────
  9 2 1
```

(7)
```
      5
  × 8 9
  ─────
  8 5
```

(8)
```
      6
  × 7 8
  ─────
  4 2 8
```

 **선생님만 보세요**　　**문제 2** (몇×몇십몇)의 곱셈 연습이다.

162

문제 3 | 문제를 읽고, 알맞은 식과 답을 쓰시오.

(1) 의자가 14개씩 7줄로 놓여 있습니다. 의자는 모두 몇 개일까요?

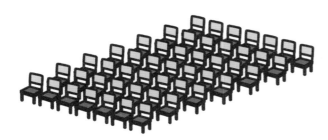

식: _____

답: _____

(2) 밤이 35개씩 8상자 있습니다. 밤은 모두 몇 개일까요?

식: _____

답: _____

(3) 구슬이 96개씩 4상자 있습니다. 구슬은 모두 몇 개일까요?

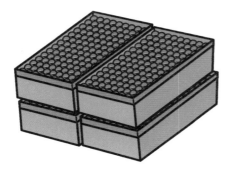

식: _____

답: _____

 선생님만 보세요   **문제 3** 동수누가 상황을 곱셈으로 이해하고 답을 구할 수 있으면 충분하다.

(4) 6명의 아이에게 사탕을 각각 18개씩 주려면 사탕이 몇 개 필요할까요?

식: _____

답: _____

(5) 7일 동안 하루에 29문제씩 해결했습니다. 모두 몇 문제를 해결했을까요?

식: _____

답: _____

(6) 9일 동안 하루에 78분씩 걸었습니다. 걸은 시간은 모두 얼마인가요?

식: _____

답: _____

(두 자리 수)×(한 자리 수)

일반적으로 '두 자리 수와 한 자리 수' 또는 '한 자리 수와 두 자리 수'의 곱셈은 받아올림에 의해 다음 몇 가지 경우로 분류할 수 있다.

(1) 받아올림이 없는 경우

> **보기**
>
> $$
> \begin{array}{r}
> 2\ 3 \\
> \times\quad 3 \\
> \hline
> 9 \quad \leftarrow 3\times3 \\
> 6\ 0 \quad \leftarrow 20\times3 \\
> \hline
> 6\ 9
> \end{array}
> \qquad\rightarrow\qquad
> \begin{array}{r}
> 2\ 3 \\
> \times\quad 3 \\
> \hline
> 6\ 9
> \end{array}
> $$

받아올림이 없는 단계에서는 십의 자리와 일의 자리 중 무엇을 먼저 하든 곱셈 값을 구하는데에는 아무런 문제가 없다. 하지만 십의 자리를 먼저 계산했을 때, 일의 자리 계산 결과에서 받아올림이 생기는 문제에서는 이미 써놓은 십의 자릿값을 다시 수정해야 하는 번거로움이 생긴다. 곱셈 알고리즘을 적용하여 문제를 풀 때 일의 자리부터 계산하도록 학습하는 이유다.

(2) 일의 자리에서 받아올림이 있는 경우

> **보기**
>
> $$
> \begin{array}{r}
> 1\ 3 \\
> \times\quad 5 \\
> \hline
> 1\ 5 \quad \leftarrow 3\times5 \\
> 5\ 0 \quad \leftarrow 10\times5 \\
> \hline
> 6\ 5
> \end{array}
> \qquad\rightarrow\qquad
> \begin{array}{r}
> 1 \\
> 1\ 3 \\
> \times\quad 5 \\
> \hline
> 6\ 5
> \end{array}
> $$

일의 자리부터 계산하는 과정을 직접 써보면 알고리즘이 완성되어 가는 과정을 직접 스스로 경험할 수 있다.

(3) 십의 자리에서 받아올림이 있는 경우

> **보기**
>
> $$
> \begin{array}{r}
> 2\ 1 \\
> \times\quad 7 \\
> \hline
> 7 \quad \leftarrow 1\times7 \\
> 1\ 4\ 0 \quad \leftarrow 20\times7 \\
> \hline
> 1\ 4\ 7
> \end{array}
> \qquad\rightarrow\qquad
> \begin{array}{r}
> 2\ 1 \\
> \times\quad 7 \\
> \hline
> 1\ 4\ 7
> \end{array}
> $$

역시 일의 자리부터 계산하는 과정을 직접 써보면 알고리즘이 완성되어 가는 과정을 직접 스스로 경험할 수 있다.

(4) 일의 자리, 십의 자리에서 받아올림이 있는 경우

보기

```
      3 2                    3 2
  ×     7            →   ×     7
    1 4  ← 2×7          2 2 4
  2 1 0  ← 30×7
  2 2 4
```

일의 자리와 십의 자리에서 모두 받아올림이 있는 경우에도 일의 자리부터 계산하는 과정을 직접 써보면 알고리즘이 완성되어 가는 과정을 직접 스스로 경험할 수 있다.

✛ 정답 ÷

1 나눗셈 기초

1일차 나눗셈 기호 '÷'

✏ 공부한 날짜   월   일

문제 1 | 보기와 같이 덧셈식과 곱셈식을 만드시오.

보기

덧셈식   6+6+6=18

곱셈식   6×3=18

(1)
덧셈식   4+4+4=12

곱셈식   4×3=12

(2)
덧셈식   9+9=18

곱셈식   9×2=18

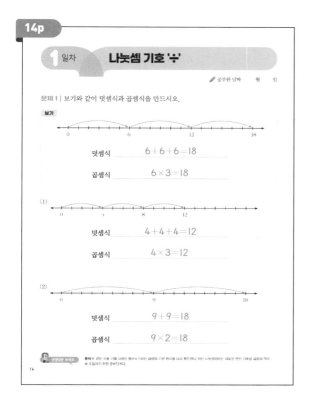

1일차 나눗셈 기호 '÷'

(3)
덧셈식   5+5+5+5+5+5+5=35

곱셈식   5×7=35

(4)
덧셈식   7+7+7+7=28

곱셈식   7×4=28

문제 2 | 보기와 같이 덧셈과 곱셈을 뺄셈과 나눗셈으로 나타내시오.

보기

덧셈식   5+5+5+5+5+5=30

곱셈식   5×6=30

뺄셈식   30−5−5−5−5−5−5=0

나눗셈식   30÷5=6

같은 수를 거듭 더하면 곱셈!
같은 수를 거듭 빼면 나눗셈!

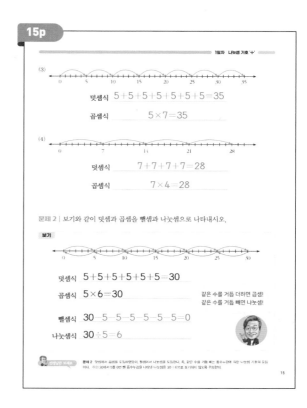

(1)
덧셈식   4+4+4=12

곱셈식   4×3=12

뺄셈식   12−4−4−4=0

나눗셈식   12÷4=3

(2)
덧셈식   9+9=18

곱셈식   9×2=18

뺄셈식   18−9−9=0

나눗셈식   18÷9=2

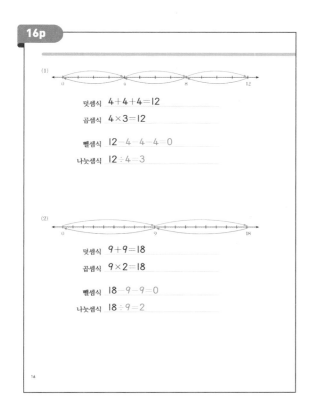

1일차 나눗셈 기호 '÷'

(3)
덧셈식   3+3+3+3+3+3+3=21

곱셈식   3×7=21

뺄셈식   21−3−3−3−3−3−3−3=0

나눗셈식   21÷3=7

(4)
덧셈식   2+2+2+2+2+2+2+2=16

곱셈식   2×8=16

뺄셈식   16−2−2−2−2−2−2−2−2=0

나눗셈식   16÷2=8

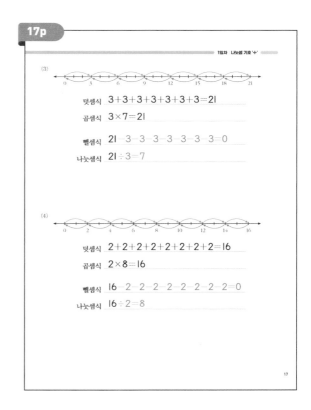

18p

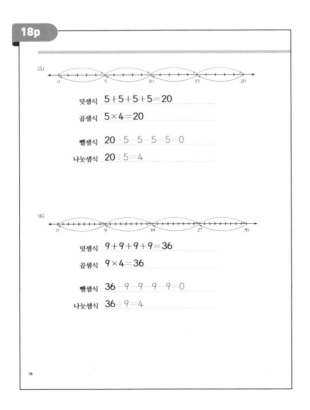

(5)

덧셈식 5+5+5+5=20

곱셈식 5×4=20

뺄셈식 20-5-5-5-5=0

나눗셈식 20÷5=4

(6)

덧셈식 9+9+9+9=36

곱셈식 9×4=36

뺄셈식 36-9-9-9-9=0

나눗셈식 36÷9=4

19p

문제 3 | 보기와 같이 ☐ 안에 알맞은 수를 넣고 나눗셈으로 나타내시오.

보기

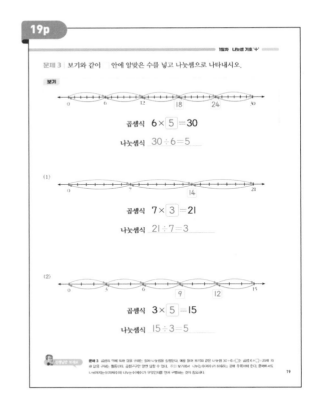

곱셈식 6×5=30

나눗셈식 30÷6=5

(1)

곱셈식 7×3=21

나눗셈식 21÷7=3

(2)

곱셈식 3×5=15

나눗셈식 15÷3=5

20p

(3)

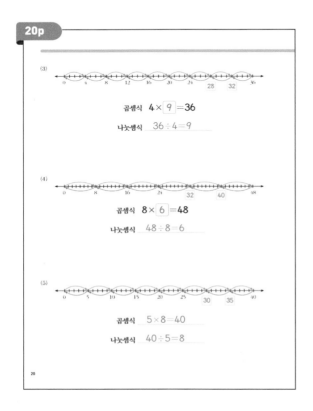

곱셈식 4×9=36

나눗셈식 36÷4=9

(4)

곱셈식 8×6=48

나눗셈식 48÷8=6

(5)

곱셈식 5×8=40

나눗셈식 40÷5=8

21p

(6)

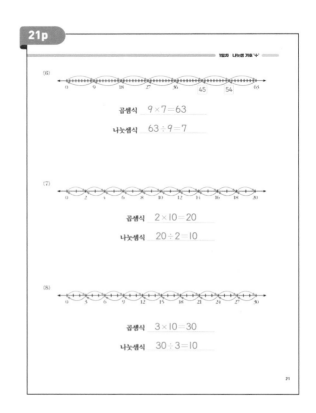

곱셈식 9×7=63

나눗셈식 63÷9=7

(7)

곱셈식 2×10=20

나눗셈식 20÷2=10

(8)

곱셈식 3×10=30

나눗셈식 30÷3=10

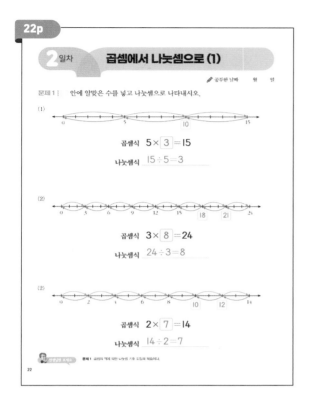

22p

2 일차 곱셈에서 나눗셈으로 (1)

✏️ 공부한 날짜   월   일

문제 1 ☐ 안에 알맞은 수를 넣고 나눗셈으로 나타내시오.

(1)

곱셈식 $5 \times \boxed{3} = 15$

나눗셈식 $15 \div 5 = 3$

(2)

곱셈식 $3 \times \boxed{8} = 24$

나눗셈식 $24 \div 3 = 8$

(2)

곱셈식 $2 \times \boxed{7} = 14$

나눗셈식 $14 \div 2 = 7$

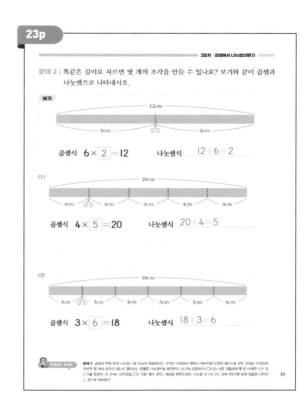

23p

2일차 | 곱셈에서 나눗셈으로(1)

문제 2 똑같은 길이로 자르면 몇 개의 조각을 만들 수 있나요? 보기와 같이 곱셈과 나눗셈으로 나타내시오.

보기

12cm
6cm   6cm

곱셈식 $6 \times \boxed{2} = 12$ 나눗셈식 $12 \div 6 = 2$

(1)

20cm
4cm 4cm 4cm 4cm 4cm

곱셈식 $4 \times \boxed{5} = 20$ 나눗셈식 $20 \div 4 = 5$

(2)

18cm
3cm 3cm 3cm 3cm 3cm 3cm

곱셈식 $3 \times \boxed{6} = 18$ 나눗셈식 $18 \div 3 = 6$

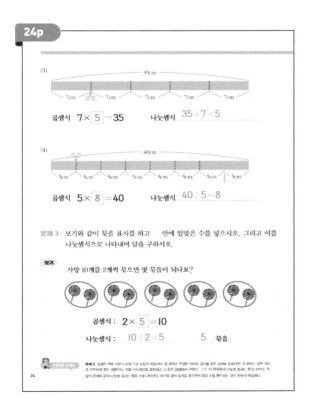

24p

(3)

35cm
7cm 7cm 7cm 7cm 7cm

곱셈식 $7 \times \boxed{5} = 35$ 나눗셈식 $35 \div 7 = 5$

(4)

40cm
5cm 5cm 5cm 5cm 5cm 5cm 5cm 5cm

곱셈식 $5 \times \boxed{8} = 40$ 나눗셈식 $40 \div 5 = 8$

문제 3 보기와 같이 묶음 표시를 하고 ☐ 안에 알맞은 수를 넣으시오. 그리고 이를 나눗셈식으로 나타내어 답을 구하시오.

보기   사탕 10개를 2개씩 묶으면 몇 묶음이 되나요?

곱셈식 : $2 \times \boxed{5} = 10$

나눗셈식 : $10 \div 2 = 5$ 5 묶음

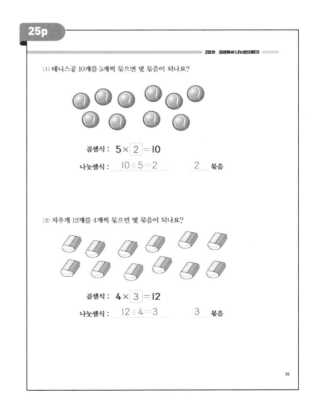

25p

2일차 곱셈에서 나눗셈으로(1)

(1) 테니스공 10개를 5개씩 묶으면 몇 묶음이 되나요?

곱셈식 $5 \times \boxed{2} = 10$

나눗셈식 $10 \div 5 = 2$ 2 묶음

(2) 지우개 12개를 4개씩 묶으면 몇 묶음이 되나요?

곱셈식 $4 \times \boxed{3} = 12$

나눗셈식 : $12 \div 4 = 3$ 3 묶음

26p

(3) 사과 20개를 5개씩 묶으면 몇 묶음이 되나요?

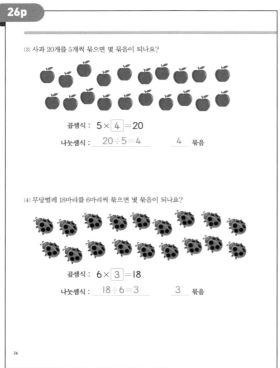

곱셈식 : $5 \times \boxed{4} = 20$

나눗셈식 : $20 \div 5 = 4$　　　4 묶음

(4) 무당벌레 18마리를 6마리씩 묶으면 몇 묶음이 되나요?

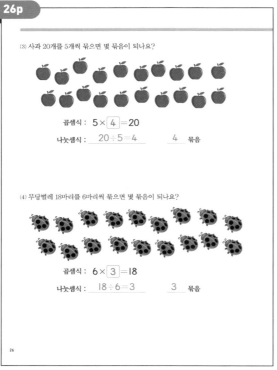

곱셈식 : $6 \times \boxed{3} = 18$

나눗셈식 : $18 \div 6 = 3$　　　3 묶음

27p

(5) 야구공 21개를 3개씩 묶으면 몇 묶음이 되나요?

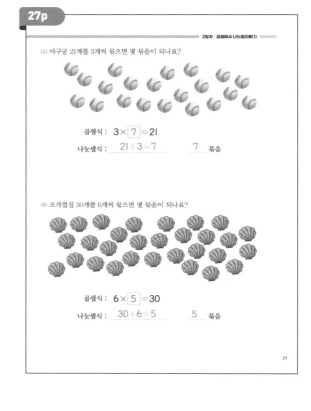

곱셈식 : $3 \times \boxed{7} = 21$

나눗셈식 : $21 \div 3 = 7$　　　7 묶음

(6) 조개껍질 30개를 6개씩 묶으면 몇 묶음이 되나요?

곱셈식 : $6 \times \boxed{5} = 30$

나눗셈식 : $30 \div 6 = 5$　　　5 묶음

28p

(7) 구슬 32개를 4개씩 묶으면 몇 묶음이 되나요?

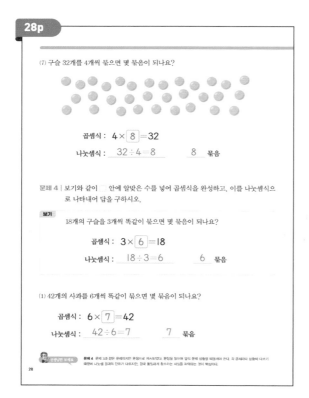

곱셈식 : $4 \times \boxed{8} = 32$

나눗셈식 : $32 \div 4 = 8$　　　8 묶음

문제 4 | 보기와 같이 ☐ 안에 알맞은 수를 넣어 곱셈식을 완성하고, 이를 나눗셈식으로 나타내어 답을 구하시오.

보기

18개의 구슬을 3개씩 똑같이 묶으면 몇 묶음이 되나요?

곱셈식 : $3 \times \boxed{6} = 18$

나눗셈식 : $18 \div 3 = 6$　　　6 묶음

(1) 42개의 사과를 6개씩 똑같이 묶으면 몇 묶음이 되나요?

곱셈식 : $6 \times \boxed{7} = 42$

나눗셈식 : $42 \div 6 = 7$　　　7 묶음

문제 4 문제 1과 같은 유형의 문제이지만 문장으로 제시되었다. 문장을 읽어야 답도 맞춰 문제 상황을 파악하여야 한다. 각 곱셈이나 상황이 다르기 때문에 나눗셈 결과의 단위가 다르다는 것을 풀이하며 확인하는 사실을 과제하는 것이 학습이다.

29p

(2) 56개의 감을 7개씩 똑같이 묶으면 몇 묶음이 되나요?

곱셈식 : $7 \times \boxed{8} = 56$

나눗셈식 : $56 \div 7 = 8$　　　8 묶음

(3) 48개의 초콜릿을 8개씩 똑같이 나눠주면 몇 명에게 나눠줄 수 있나요?

곱셈식 : $8 \times \boxed{6} = 48$

나눗셈식 : $48 \div 8 = 6$　　　6 명

같은 수를 0이 될 때까지 거듭 뺀 나눗셈!

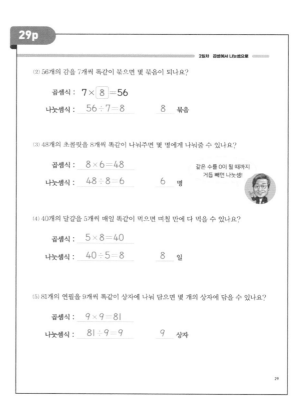

(4) 40개의 달걀을 5개씩 매일 똑같이 먹으면 며칠 만에 다 먹을 수 있나요?

곱셈식 : $5 \times \boxed{8} = 40$

나눗셈식 : $40 \div 5 = 8$　　　8 일

(5) 81개의 연필을 9개씩 똑같이 상자에 나눠 담으면 몇 개의 상자에 담을 수 있나요?

곱셈식 : $9 \times 9 = 81$

나눗셈식 : $81 \div 9 = 9$　　　9 상자

3일차 곱셈에서 나눗셈으로 (2)

✏️ 공부한 날짜   월   일

문제 1 | 다음 물음을 ☐ 가 있는 곱셈식으로 나타내고, 이를 다시 나눗셈식으로 나타내어 답을 구하시오.

(1) 14개의 달걀을 7개씩 묶으면 몇 묶음이 되나요?

    곱셈식 : $7 \times 2 = 14$

    나눗셈식 : $14 \div 7 = 2$ **2** 묶음

(2) 20개의 연필을 4개씩 똑같이 나눠주면 몇 명에게 나눠줄 수 있나요?

    곱셈식 : $4 \times 5 = 20$

    나눗셈식 : $20 \div 4 = 5$ **5** 묶음

문제 2 | 보기와 같이 나눗셈식을 완성하시오.

보기

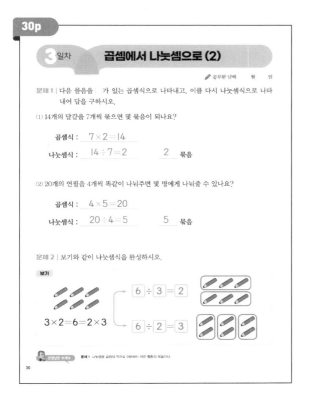

$3 \times 2 = 6 = 2 \times 3$

$6 \div 3 = 2$

$6 \div 2 = 3$

👨‍🏫 선생님께만 보세요 **문제 1** 나눗셈의 곱셈의 역으로 이해하는 이런 활동의 복습이다.

30

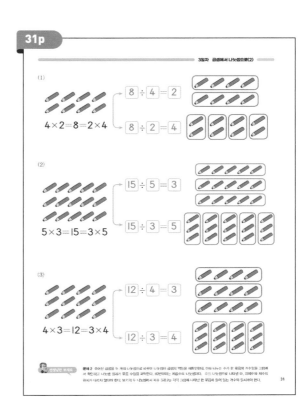

(1)

$4 \times 2 = 8 = 2 \times 4$

$8 \div 4 = 2$

$8 \div 2 = 4$

(2)

$5 \times 3 = 15 = 3 \times 5$

$15 \div 5 = 3$

$15 \div 3 = 5$

(3)

$4 \times 3 = 12 = 3 \times 4$

$12 \div 4 = 3$

$12 \div 3 = 4$

👨‍🏫 선생님께만 보세요 **문제 2** 주어진 곱셈을 두 개의 나눗셈으로 바꾸어 나눗셈이 곱셈의 역임을 체험한다. 이때 나누는 수가 한 묶음의 개수임을 그림에서 확인하고 나눌 결과가 몇 묶음일 확인한다. 왼편에서는 처음수의 나눗셈이고, 오른 나눗셈으로 나타낸 것. 그림에서 묶음의 개수가 대수가 되고 보기의 두 나눗셈에서 피제수 5와 나누는 수가 각각 그림에 나타난 한 묶음에 들어 있는 개수와 묶음이다.

31

(4)

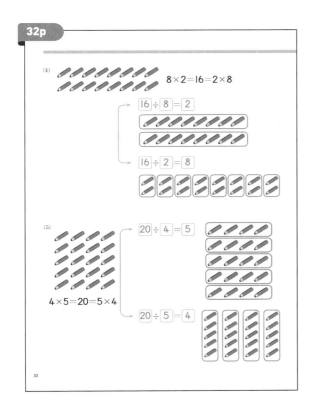

$8 \times 2 = 16 = 2 \times 8$

$16 \div 8 = 2$

$16 \div 2 = 8$

(5)

$4 \times 5 = 20 = 5 \times 4$

$20 \div 4 = 5$

$20 \div 5 = 4$

32

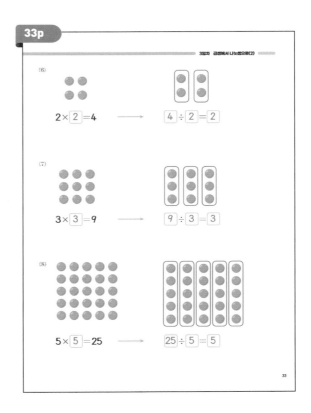

(6)

$2 \times 2 = 4$ → $4 \div 2 = 2$

(7)

$3 \times 3 = 9$ → $9 \div 3 = 3$

(8)

$5 \times 5 = 25$ → $25 \div 5 = 5$

33

34p

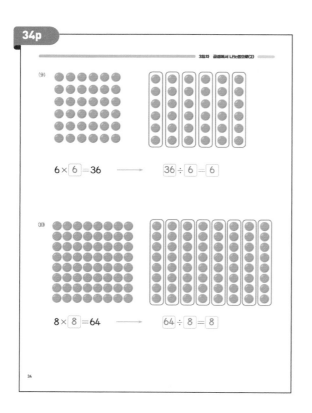

3일차 곱셈에서 나눗셈으로(2)

(9)

$6 \times \boxed{6} = 36 \longrightarrow \boxed{36} \div \boxed{6} = \boxed{6}$

(10)

$8 \times \boxed{8} = 64 \longrightarrow \boxed{64} \div \boxed{8} = \boxed{8}$

34

35p

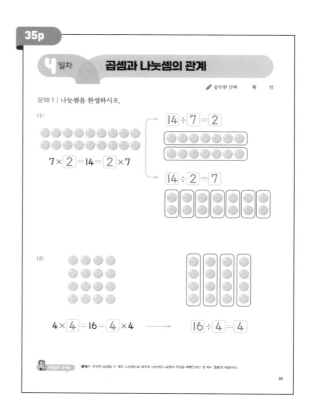

4일차 곱셈과 나눗셈의 관계

✏ 공부한 날짜   월   일

문제 1 | 나눗셈을 완성하시오.

(1)

$7 \times \boxed{2} = 14 = \boxed{2} \times 7$

$\boxed{14} \div \boxed{7} = \boxed{2}$

$\boxed{14} \div \boxed{2} = \boxed{7}$

(2)

$4 \times \boxed{4} = 16 = \boxed{4} \times 4 \longrightarrow \boxed{16} \div \boxed{4} = \boxed{4}$

문제 1 주어진 곱셈을 두 개의 나눗셈으로 바꾸며 나눗셈과 곱셈의 의미를 확인하려는 양 쪽이 활동의 예습이다.

35

36p

문제 2 | 보기와 같이 빈칸에 알맞은 수를 쓰시오.

보기

$4 \times 2 = 8$
$2 \times 4 = 8$
$8 \div 2 = 4$
$8 \div 4 = 2$

(1)
$9 \times 8 = 72$
$8 \times \boxed{9} = 72$
$72 \div 8 = \boxed{9}$
$72 \div 9 = \boxed{8}$

(2)
$7 \times 2 = 14$
$2 \times \boxed{7} = 14$
$14 \div 2 = \boxed{7}$
$14 \div \boxed{7} = 2$

(3)
$4 \times 9 = 36$
$9 \times \boxed{4} = 36$
$36 \div 9 = \boxed{4}$
$36 \div \boxed{4} = \boxed{9}$

(4)
$8 \times 3 = 24$
$3 \times \boxed{8} = 24$
$24 \div 3 = \boxed{8}$
$24 \div \boxed{8} = \boxed{3}$

(5)
$6 \times 7 = 36$
$7 \times \boxed{6} = 42$
$42 \div 7 = \boxed{6}$
$42 \div \boxed{6} = \boxed{7}$

문제 2 곱셈과 나눗셈이 서로 역의 관계임을 확인하는 활동이다. 익그가 먼저 제시 있는 형태로 제시된 4개의 곱셈식과 나눗셈식을 완성하며 역의 관계임을 확인한다. 곱셈구구만 정확 알고 있으면, 문제의 핵심적 두 연산과 관계에 대한 이해다.

36

37p

4일차 곱셈과 나눗셈의 관계

(6)
$4 \times 4 = 16$
$16 \div 4 = 4$

(7)
$5 \times 5 = 25$
$25 \div 5 = 5$

(8)
$7 \times 7 = 49$
$49 \div 7 = 7$

(9)
$8 \times 8 = 64$
$64 \div 8 = 8$

문제 3 | 보기와 같이 나눗셈을 하시오.

보기

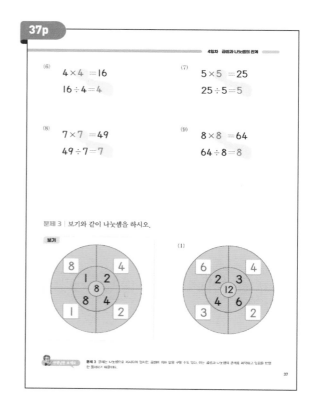

문제 3 문제는 나눗셈이라 제시되는 것으로 곱셈의 역과 답을 구할 수도 있다. 이는 곱셈과 나눗셈의 관계를 확인하고 있음을 반영한 활동이기 때문이다.

37

38p

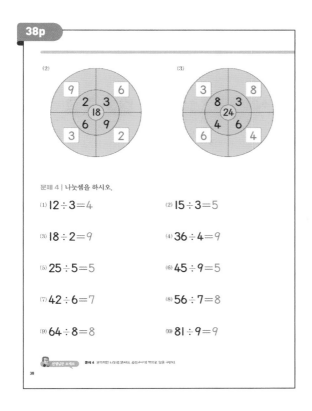

(2)

	9		6	
2	3	
(18)	
6	9	
3		2	

(3)

	3		8	
8	3	
(24)	
4	6	
6		4	

문제 4 | 나눗셈을 하시오.

(1) $12 \div 3 = 4$　　　　(2) $15 \div 3 = 5$

(3) $18 \div 2 = 9$　　　　(4) $36 \div 4 = 9$

(5) $25 \div 5 = 5$　　　　(6) $45 \div 9 = 5$

(7) $42 \div 6 = 7$　　　　(8) $56 \div 7 = 8$

(9) $64 \div 8 = 8$　　　　(10) $81 \div 9 = 9$

문제 4 | 분자되면 나눗셈 문제다. 곱셈구구의 역으로 답을 구한다.

38

39p

4일차 곱셈과 나눗셈의 관계

문제 5 | 보기와 같이 □ 안에 들어가는 수가 노란 원 안에 있는 수와 같은 것을 찾아 동그라미표를 하시오.

보기

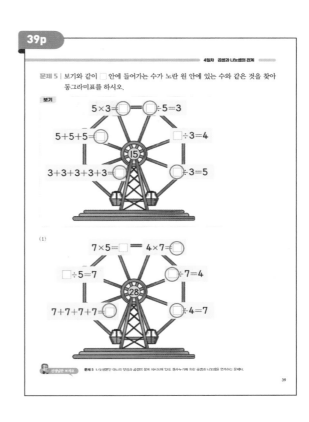

$5 \times 3 = \square$　　$\square \div 5 = 3$

$5 + 5 + 5 = \square$　　$\square \div 3 = 4$

(15)

$3 + 3 + 3 + 3 + 3 = \square$　　$\square \div 3 = 5$

(1)

$7 \times 5 = \square$　　$4 \times 7 = \square$

$\square \div 5 = 7$　　$\square \div 7 = 4$

(28)

$7 + 7 + 7 + 7 = \square$　　$\square \div 4 = 7$

문제 5 | 나눗셈뿐만 아니라 덧셈과 곱셈이 함께 제시되어 있고 짝수수가에 의한 곱셈과 나눗셈을 연속하는 문제다.

39

40p

4일차 곱셈과 나눗셈의 관계

(2)

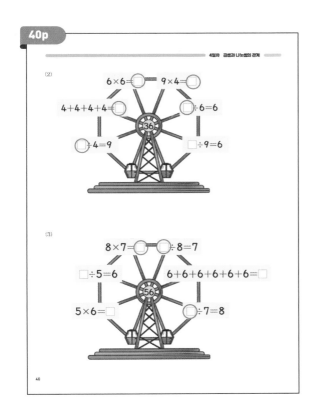

$6 \times 6 = \square$　　$9 \times 4 = \square$

$4 + 4 + 4 + 4 = \square$　　$\square \div 6 = 6$

(36)

$\square \div 4 = 9$　　$\square \div 9 = 6$

(3)

$8 \times 7 = \square$　　$\square \div 8 = 7$

$\square \div 5 = 6$　　$6 + 6 + 6 + 6 + 6 + 6 = \square$

(56)

$5 \times 6 = \square$　　$\square \div 7 = 8$

40

44p

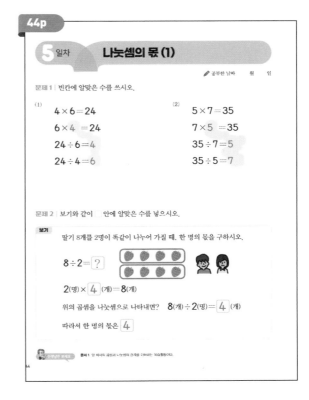

5일차　나눗셈의 몫 (1)

✏ 공부한 날짜　　월　　일

문제 1 | 빈칸에 알맞은 수를 쓰시오.

(1)
$4 \times 6 = 24$
$6 \times 4 = 24$
$24 \div 6 = 4$
$24 \div 4 = 6$

(2)
$5 \times 7 = 35$
$7 \times 5 = 35$
$35 \div 7 = 5$
$35 \div 5 = 7$

문제 2 | 보기와 같이 □ 안에 알맞은 수를 넣으시오.

보기

딸기 8개를 2명이 똑같이 나누어 가질 때, 한 명의 몫을 구하시오.

$8 \div 2 = \boxed{?}$

$2(명) \times \boxed{4} (개) = 8(개)$

위의 곱셈을 나눗셈으로 나타내면? $8(개) \div 2(명) = \boxed{4}(개)$

따라서 한 명의 몫은 $\boxed{4}$

문제 1 | 앞 차시의 곱셈과 나눗셈의 관계를 다루어온 복습활동이다.

44

45p

(1) 딸기 12개를 3명이 똑같이 나누어 가질 때, 한 명의 몫을 구하시오.

$12 \div 3 = \boxed{?}$

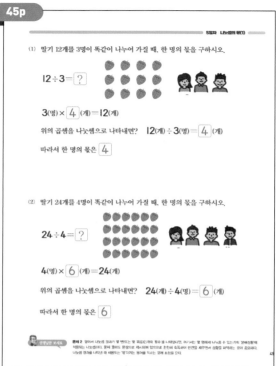

3(명) $\times \boxed{4}$ (개) $= 12$(개)

위의 곱셈을 나눗셈으로 나타내면? 12(개) $\div 3$(명) $= \boxed{4}$ (개)

따라서 한 명의 몫은 $\boxed{4}$

(2) 딸기 24개를 4명이 똑같이 나누어 가질 때, 한 명의 몫을 구하시오.

$24 \div 4 = \boxed{?}$

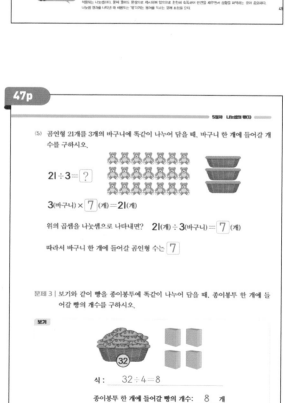

4(명) $\times \boxed{6}$ (개) $= 24$(개)

위의 곱셈을 나눗셈으로 나타내면? 24(개) $\div 4$(명) $= \boxed{6}$ (개)

따라서 한 명의 몫은 $\boxed{6}$

46p

(3) 복숭아 36개를 4명이 똑같이 나누어 가질 때, 한 명의 몫을 구하시오.

$36 \div 4 = \boxed{?}$

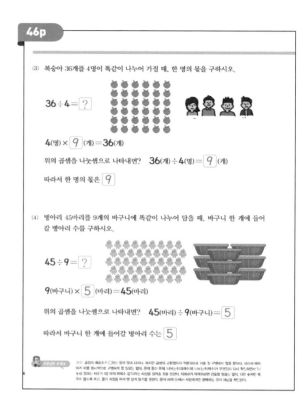

4(명) $\times \boxed{9}$ (개) $= 36$(개)

위의 곱셈을 나눗셈으로 나타내면? 36(개) $\div 4$(명) $= \boxed{9}$ (개)

따라서 한 명의 몫은 $\boxed{9}$

(4) 병아리 45마리를 9개의 바구니에 똑같이 나누어 담을 때, 바구니 한 개에 들어
갈 병아리 수를 구하시오.

$45 \div 9 = \boxed{?}$

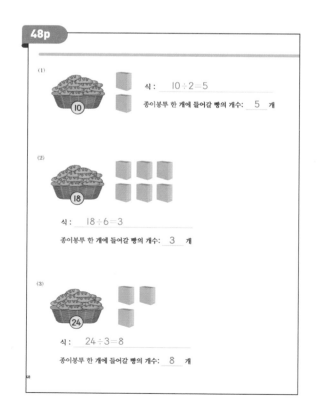

9(바구니) $\times \boxed{5}$ (마리) $= 45$(마리)

위의 곱셈을 나눗셈으로 나타내면? 45(마리) $\div 9$(바구니) $= \boxed{5}$

따라서 바구니 한 개에 들어갈 병아리 수는 $\boxed{5}$

47p

(5) 곰인형 21개를 3개의 바구니에 똑같이 나누어 담을 때, 바구니 한 개에 들어갈 개
수를 구하시오.

$21 \div 3 = \boxed{?}$

3(바구니) $\times \boxed{7}$ (개) $= 21$(개)

위의 곱셈을 나눗셈으로 나타내면? 21(개) $\div 3$(바구니) $= \boxed{7}$ (개)

따라서 바구니 한 개에 들어갈 곰인형 수는 $\boxed{7}$

문제 3 | 보기와 같이 빵을 종이봉투에 똑같이 나누어 담을 때, 종이봉투 한 개에 들
어갈 빵의 개수를 구하시오.

보기

(32)

식 : $32 \div 4 = 8$

종이봉투 한 개에 들어갈 빵의 개수: 8 개

48p

(1)

(10)

식 : $10 \div 2 = 5$

종이봉투 한 개에 들어갈 빵의 개수: 5 개

(2)

(18)

식 : $18 \div 6 = 3$

종이봉투 한 개에 들어갈 빵의 개수: 3 개

(3)

(24)

식 : $24 \div 3 = 8$

종이봉투 한 개에 들어갈 빵의 개수: 8 개

5일차 나눗셈의 몫(1)

(4)

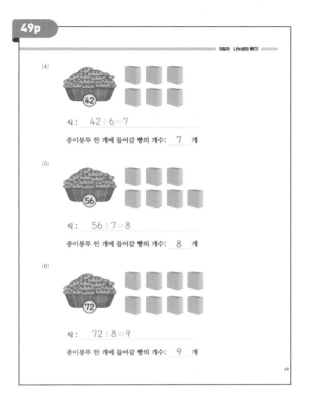

식 : 42÷6=7

종이봉투 한 개에 들어갈 빵의 개수 : 7 개

(5)

식 : 56÷7=8

종이봉투 한 개에 들어갈 빵의 개수 : 8 개

(6)

식 : 72÷8=9

종이봉투 한 개에 들어갈 빵의 개수 : 9 개

49

6일차 나눗셈의 몫 (2)

✏️ 공부한 날짜   월   일

문제 1 | 빵을 종이봉투에 똑같이 나누어 담을 때, 종이봉투 한 개에 들어갈 빵의 개수를 구하시오.

(1)

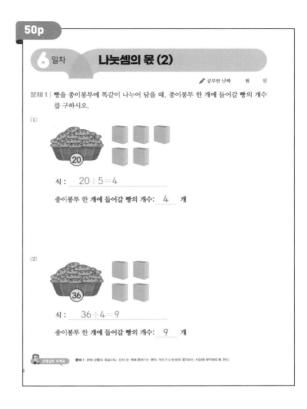

식 : 20÷5=4

종이봉투 한 개에 들어갈 빵의 개수 : 4 개

(2)

식 : 36÷4=9

종이봉투 한 개에 들어갈 빵의 개수 : 9 개

문제 1 빵과 상황의 복습으로, 상자 한 개에 들어가는 빵의 개수가 나눗셈의 몫임되는 사실을 확인하도록 한다.

6일차 나눗셈의 몫 (2)

문제 2 | 문제를 읽고, 알맞은 식과 몫을 쓰시오.

(1) 16명의 학생이 의자 2개에 똑같이 나누어 앉으려고 합니다. 의자 한 개에 몇 명씩 앉아야 할까요?

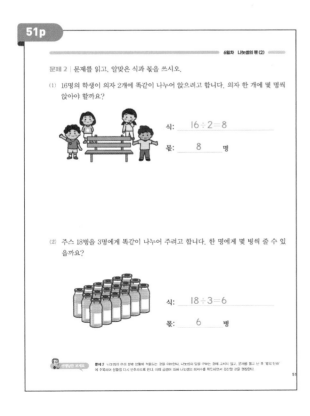

식 : 16÷2=8

몫 : 8 명

(2) 주스 18병을 3명에게 똑같이 나누어 주려고 합니다. 한 명에게 몇 병씩 줄 수 있을까요?

식 : 18÷3=6

몫 : 6 병

문제 2 나눗셈이 여러 상황에 적용되는 것을 이해한다. 나눗셈의 답을 구하는 것에 그치지 말고, 문제를 읽고 난 후 '몫의 단위'에 주목하도록 상황을 다시 반추하도록 한다. 이때 김성이 되어 나눗셈의 의미수를 확인하면서 감산을 관섭한다.

51

(3) 학생 20명이 4장의 돗자리에 똑같이 나누어 앉으려고 합니다. 돗자리 한 개에 몇 명씩 앉아야 할까요?

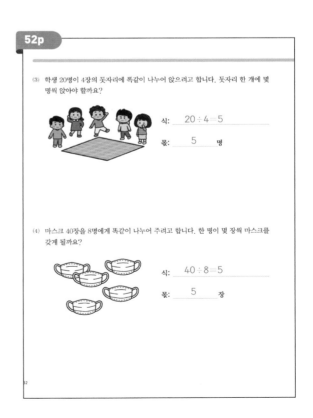

식 : 20÷4=5

몫 : 5 명

(4) 마스크 40장을 8명에게 똑같이 나누어 주려고 합니다. 한 명이 몇 장씩 마스크를 갖게 될까요?

식 : 40÷8=5

몫 : 5 장

52

정답

53p

6일차 나눗셈의 몫(2)

⑤ 사탕 54개를 9명에게 똑같이 나누어 주려고 합니다. 한 명에게 사탕을 몇 개씩 줄 수 있을까요?

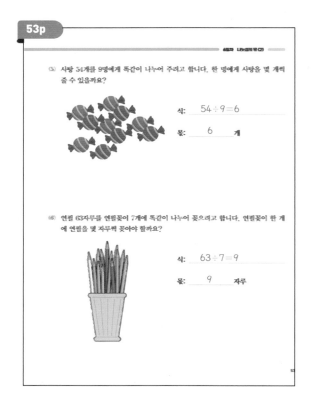

식: $54 \div 9 = 6$

답: 6 개

⑥ 연필 63자루를 연필꽂이 7개에 똑같이 나누어 꽂으려고 합니다. 연필꽂이 한 개에 연필을 몇 자루씩 꽂아야 할까요?

식: $63 \div 7 = 9$

답: 9 자루

54p

⑦ 구슬 35개를 5명이 똑같이 나누어 가지려고 합니다. 한 명이 몇 개씩 가지면 될까요?

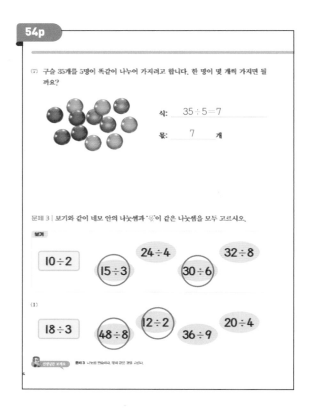

식: $35 \div 5 = 7$

답: 7 개

문제 3 | 보기와 같이 네모 안의 나눗셈과 '몫'이 같은 나눗셈을 모두 고르시오.

보기

$10 \div 2$ $15 \div 3$ $24 \div 4$ $30 \div 6$ $32 \div 8$

(1)

$18 \div 3$ $48 \div 8$ $12 \div 2$ $36 \div 9$ $20 \div 4$

55p

6일차 나눗셈의 몫(2)

(2)

$21 \div 7$ $15 \div 5$ $45 \div 9$ $56 \div 8$ $12 \div 4$

(3)

$40 \div 5$ $27 \div 3$ $64 \div 8$ $48 \div 6$ $42 \div 7$

(4)

$32 \div 8$ $35 \div 7$ $20 \div 5$ $12 \div 6$ $36 \div 9$

(5)

$81 \div 9$ $18 \div 2$ $36 \div 4$ $40 \div 8$ $45 \div 5$

56p

7일차 나누는 수

공부한 날짜   월   일

문제 1 | 네모 안의 나눗셈과 '몫'이 같은 나눗셈을 모두 고르시오.

(1)

$42 \div 6$ $21 \div 3$ $48 \div 8$ $24 \div 4$ $35 \div 5$

(2)

$8 \div 2$ $28 \div 7$ $12 \div 6$ $36 \div 9$ $18 \div 3$

(3)

$20 \div 4$ $49 \div 7$ $30 \div 6$ $10 \div 2$ $10 \div 5$

(4)

$56 \div 7$ $28 \div 4$ $16 \div 2$ $81 \div 9$ $64 \div 8$

176

7일차 나누는 수

문제 2 | □ 안에 알맞은 수를 쓰시오.

(1)
12
÷ 6 = 2
÷ 4 = 3
÷ 3 = 4
÷ 2 = 6

(2)
24
÷ 8 = 3
÷ 6 = 4
÷ 4 = 6
÷ 3 = 8

(3)
16
÷ 8 = 2
÷ 4 = 4
÷ 2 = 8

(4)
36
÷ 9 = 4
÷ 6 = 6
÷ 4 = 9

문제 3 | 보기와 같이 답하시오.

보기
사과 14개를 남는 사과가 없도록 모두 똑같이 나누어 주려고 합니다. 몇 명에게 나누어 줄 수 있을까요?

②2명   3명   ⑦7명   9명

선생님만 보세요 문제 2 문제 형태가 다르지만 나눗셈의 연습이라고 나누어지는 수를 고정하고 주어진 몇에 대하여 나누는 수를 구하는 문제로, 나눗셈의 ...

57

(1) 사과 15개를 남는 사과가 없도록 모두 똑같이 나누어 주려고 합니다. 몇 명에게 나누어 줄 수 있을까요?

2명   ③3명   4명   ⑤5명

(2) 딸기 24개를 남는 딸기가 없도록 모두 똑같이 나누어 주려고 합니다. 몇 명에게 나누어 줄 수 있을까요?

③3명   ④4명   ⑥6명   ⑧8명

(3) 귤 36개를 남는 귤이 없도록 모두 똑같이 나누어 주려고 합니다. 몇 명에게 나누어 줄 수 있을까요?

④4명   ⑥6명   7명   ⑨9명

선생님만 보세요 문제 3 ...

7일차 나누는 수

(4) 감 42개를 남는 감이 없도록 모두 똑같이 나누어 주려고 합니다. 몇 명에게 나누어 줄 수 있을까요?

5명   ⑥6명   ⑦7명   8명

(5) 참외 54개를 남는 참외가 없도록 모두 똑같이 나누어 주려고 합니다. 몇 명에게 나누어 줄 수 있을까요?

4명   5명   ⑥6명   ⑨9명

(6) 밤 72개를 남는 밤이 없도록 모두 똑같이 나누어 주려고 합니다. 몇 명에게 나누어 줄 수 있을까요?

5명   7명   ⑧8명   ⑨9명

8일차 나누어지는 수

공부한 날짜   월   일

문제 1 | 나눗셈을 하시오.

(1)
14
÷ 7 = 2
÷ 2 = 7

(2)
24
÷ 8 = 3
÷ 6 = 4

(3)
40
÷ 8 = 5
÷ 5 = 8

(4)
36
÷ 6 = 6
÷ 4 = 9

문제 2 | 빈칸에 알맞은 수를 쓰시오.

(1)
12
4
6
8
18
→ ÷2 →
6
2
3
4
9

(2)
12
3
18
27
15
→ ÷3 →
4
1
6
9
5

선생님만 보세요 문제 1 나누기의 계속이다, 나누어지는 수를 고정하고 주어진 몇에 대하여 나누는 수를 구하는 문제다. 문제 2 앞 예시와 문제와같이 나눗셈 연습이다. 이번에는 나누는 수를 고정하고 주어진 몇에 대하여 나누어지는 수를 구하는 문제다.

60

177

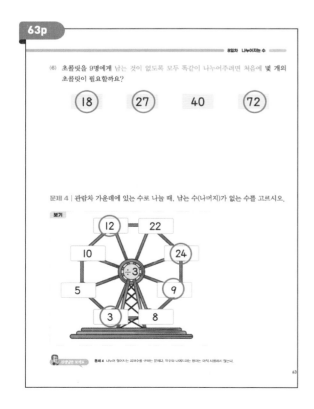

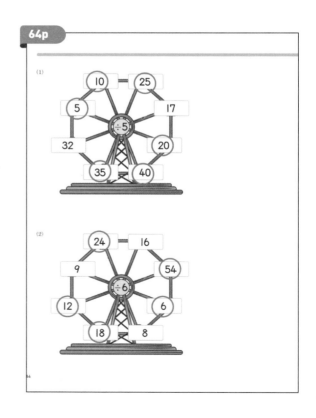

정답

61p

8일차 나누어지는 수

(3) 28, 36, 12, 32, 20 ÷4 → 7, 9, 3, 8, 5
(4) 12, 6, 24, 42, 48 ÷6 → 2, 1, 4, 7, 8

문제 3 | 보기와 같이 알맞은 답에 동그라미표를 하시오.

보기
초콜릿을 3명에게 남는 것이 없도록 모두 똑같이 나누어주려면 처음에 몇 개의 초콜릿이 필요할까요?
(15)   17   (18)   19

(1) 초콜릿을 4명에게 남는 것이 없도록 모두 똑같이 나누어주려면 처음에 몇 개의 초콜릿이 필요할까요?
(20)   21   26   (28)

문제 3 앞 차시와 같은 상황의 나눗셈 문제이지만, 이번에는 나누는 수가 주어졌을 때 나머지가 없는 나누어지는 수(피제수)를 구하는 문제로, ÷[ ] 문제 상황에 대한 이해가 어려울 수 있다. 예시로 주어진 여러 피제수를 문제에 대입하여 입장이 성립하여 문제 상황을 이해할 것을 권장한다.

62p

(2) 초콜릿을 5명에게 남는 것이 없도록 모두 똑같이 나누어주려면 처음에 몇 개의 초콜릿이 필요할까요?
14   (25)   34   (40)

(3) 초콜릿을 6명에게 남는 것이 없도록 모두 똑같이 나누어주려면 처음에 몇 개의 초콜릿이 필요할까요?
(12)   34   (48)   (54)

(4) 초콜릿을 7명에게 남는 것이 없도록 모두 똑같이 나누어주려면 처음에 몇 개의 초콜릿이 필요할까요?
24   (35)   (49)   (63)

(5) 초콜릿을 8명에게 남는 것이 없도록 모두 똑같이 나누어주려면 처음에 몇 개의 초콜릿이 필요할까요?
21   35   (48)   (64)

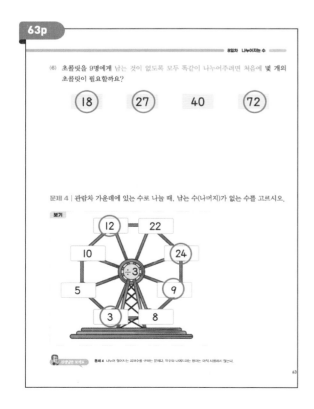

63p

8일차 나누어지는 수

(6) 초콜릿을 9명에게 남는 것이 없도록 모두 똑같이 나누어주려면 처음에 몇 개의 초콜릿이 필요할까요?
(18)   (27)   40   (72)

문제 4 | 관람차 가운데에 있는 수로 나눌 때, 남는 수(나머지)가 없는 수를 고르시오.

보기

문제 4 나누어 떨어지는 피제수를 구하는 문제로, 약수와 나머지라는 용어는 아직 사용하지 않는다.

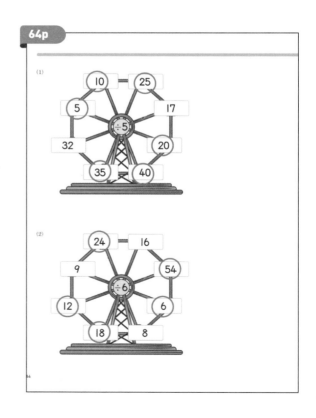

64p

(1)

(2)

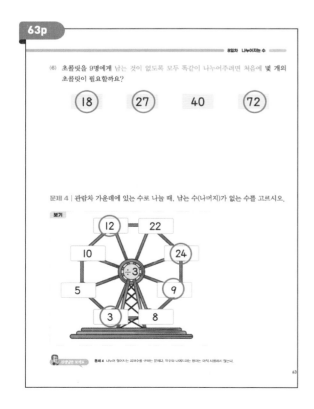

178

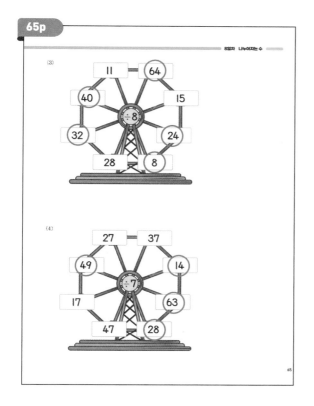

65p

(3)

11 64 40 15 32 ÷8 24 28 8

(4)

27 37 49 14 17 ÷7 63 47 28

65

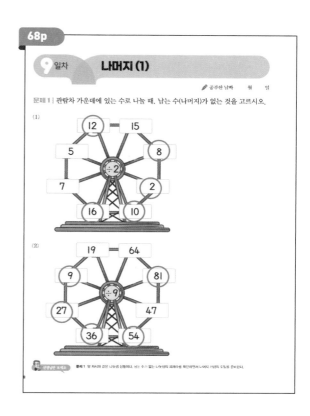

68p

9일차 나머지 (1)

🖊 공부한 날짜   월   일

문제 1 | 관람차 가운데에 있는 수로 나눌 때, 남는 수(나머지)가 없는 것을 고르시오.

(1)

12 15 5 8 7 ÷2 2 16 10

(2)

19 64 9 81 27 ÷9 47 36 54

문제 1 앞 차시와 같은 나눗셈 상황이며, 남는 수가 없는 나눗셈의 피제수를 확인하면서 나머지 개념의 도입을 준비한다.

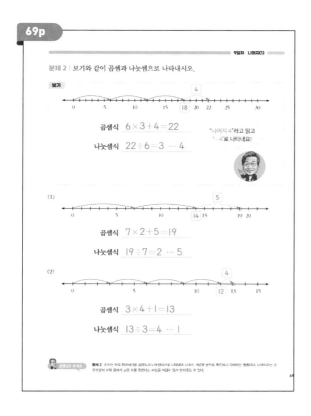

69p

문제 2 | 보기와 같이 곱셈과 나눗셈으로 나타내시오.

보기

4

곱셈식 $6 \times 3 + 4 = 22$

나눗셈식 $22 \div 6 = 3 \cdots 4$

"나머지 4"라고 읽고
'…4'로 나타내요!

(1)

5

곱셈식 $7 \times 2 + 5 = 19$

나눗셈식 $19 \div 7 = 2 \cdots 5$

(2)

4

곱셈식 $3 \times 4 + 1 = 13$

나눗셈식 $13 \div 3 = 4 \cdots 1$

문제 3 수직선 위의 뛰어세기를 곱셈식과 나눗셈식으로 나타내보고 계산을 보면서 이해하는 활동이다. 나머지고는 수 우리말의 수학 용어가 남은 수를 뜻한다는 사실을 어렵지 않게 받아들일 수 있다.

69

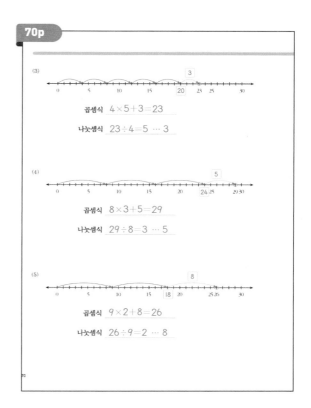

70p

(3)

3

곱셈식 $4 \times 5 + 3 = 23$

나눗셈식 $23 \div 4 = 5 \cdots 3$

(4)

5

곱셈식 $8 \times 3 + 5 = 29$

나눗셈식 $29 \div 8 = 3 \cdots 5$

(5)

8

곱셈식 $9 \times 2 + 8 = 26$

나눗셈식 $26 \div 9 = 2 \cdots 8$

70

✚ 정답 ÷

9일차 나머지(1)

문제 3 | 보기와 같이 □ 안에 알맞은 수를 넣으시오.

보기

쿠키 7개를 2명이 똑같이 나누어 가질 때, 한 명의 몫과 나머지를 구하시오.

7(개) ÷ 2(명) = $\boxed{?}$ (개) … $\boxed{?}$ (개)

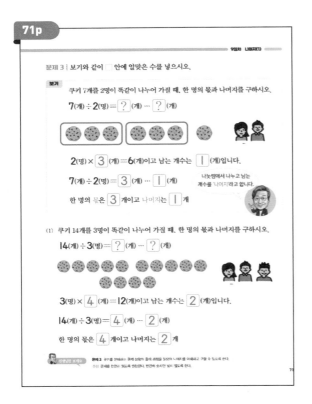

2(명) × $\boxed{3}$ (개) = 6(개)이고 남는 개수는 $\boxed{1}$ (개)입니다.

7(개) ÷ 2(명) = $\boxed{3}$ (개) … $\boxed{1}$ (개)

한 명의 몫은 $\boxed{3}$ 개이고 나머지는 $\boxed{1}$ 개

나눗셈에서 나누고 남는 개수를 나머지라고 합니다.

(1) 쿠키 14개를 3명이 똑같이 나누어 가질 때, 한 명의 몫과 나머지를 구하시오.

14(개) ÷ 3(명) = $\boxed{?}$ (개) … $\boxed{?}$ (개)

3(명) × $\boxed{4}$ (개) = 12(개)이고 남는 개수는 $\boxed{2}$ (개)입니다.

14(개) ÷ 3(명) = $\boxed{4}$ (개) … $\boxed{2}$ (개)

한 명의 몫은 $\boxed{4}$ 개이고 나머지는 $\boxed{2}$ 개

9일차 나머지(1)

(2) 쿠키 19개를 4명이 똑같이 나누어 가질 때, 한 명의 몫과 나머지를 구하시오.

19(개) ÷ 4(명) = $\boxed{?}$ (개) … $\boxed{?}$ (개)

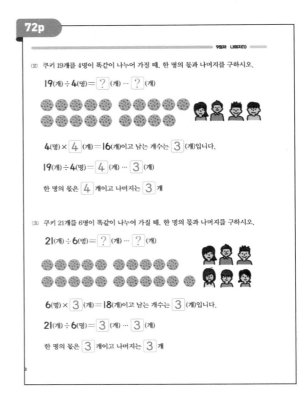

4(명) × $\boxed{4}$ (개) = 16(개)이고 남는 개수는 $\boxed{3}$ (개)입니다.

19(개) ÷ 4(명) = $\boxed{4}$ (개) … $\boxed{3}$ (개)

한 명의 몫은 $\boxed{4}$ 개이고 나머지는 $\boxed{3}$ 개

(3) 쿠키 21개를 6명이 똑같이 나누어 가질 때, 한 명의 몫과 나머지를 구하시오.

21(개) ÷ 6(명) = $\boxed{?}$ (개) … $\boxed{?}$ (개)

6(명) × $\boxed{3}$ (개) = 18(개)이고 남는 개수는 $\boxed{3}$ (개)입니다.

21(개) ÷ 6(명) = $\boxed{3}$ (개) … $\boxed{3}$ (개)

한 명의 몫은 $\boxed{3}$ 개이고 나머지는 $\boxed{3}$ 개

10일차 나머지(2)

✏ 공부한 날짜   월   일

문제 1 | □ 안에 알맞은 수를 쓰시오.

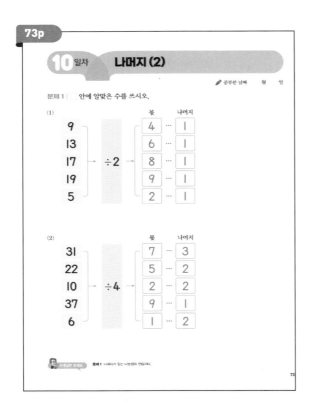

(1)

		몫	나머지
9		4	1
13		6	1
17	÷2	8	1
19		9	1
5		2	1

(2)

		몫	나머지
31		7	3
22		5	2
10	÷4	2	2
37		9	1
6		1	2

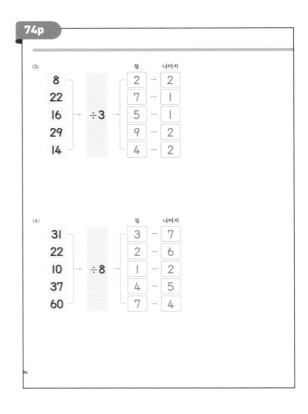

(3)

		몫	나머지
8		2	2
22		7	1
16	÷3	5	1
29		9	2
14		4	2

(4)

		몫	나머지
31		3	7
22		2	6
10	÷8	1	2
37		4	5
60		7	4

10일차 나머지(2)

(5)
40
31
18   ÷7
22
62

몫 · 나머지
5 ··· 5
4 ··· 3
2 ··· 4
3 ··· 1
8 ··· 6

(6)
14
31
20   ÷9
52
47

몫 · 나머지
1 ··· 5
3 ··· 4
2 ··· 2
5 ··· 7
5 ··· 2

문제 2 │ 보기와 같이 첫번째 나눗셈과 나머지가 같은 나눗셈을 모두 고르시오.

보기

11÷2   17÷4   23÷4   22÷3   35÷4

(1)
18÷5   21÷6   48÷5   34÷5   29÷3

(2)
29÷3   16÷5   24÷5   30÷4   50÷6

(3)
37÷4   41÷8   53÷6   11÷3   26÷5

문제 2 같은 나머지를 갖는 나눗셈식을 찾아내면서 나눗셈이 있는 나눗셈을 연습해요.

10일차 나머지(2)

(4)
20÷7   40÷7   42÷9   31÷8   62÷7

(5)
35÷6   23÷9   53÷8   17÷6   24÷7

(6)
13÷2   9÷4   27÷5   13÷3   82÷9

(7)
28÷8   38÷7   41÷6   40÷9   23÷5

(8)
57÷9   42÷5   75÷8   19÷3   39÷4

11일차   나눗셈을 곱셈으로 (1)

✏ 공부한 날짜   월   일

문제 1 │ 첫 번째 나눗셈과 나머지가 같은 나눗셈을 모두 고르시오.

(1)
15÷2   36÷7   49÷6   60÷9   44÷8

(2)
47÷7   26÷8   55÷6   61÷8   77÷9

(3)
23÷4   39÷6   67÷8   59÷7   16÷5

(4)
51÷8   43÷7   21÷6   39÷9   38÷5

문제 1 같은 나머지를 갖는 나눗셈식을 찾아내면서 나머지가 있는 나눗셈을 연습하는 복습 활동이에요.

＋ 정답 ÷

11일차 나눗셈을 곱셈으로(1)

문제 2 | 보기와 같이 ☐ 안에 알맞은 수를 넣으시오.

보기

$6 \div 3 = 2$
$6 \div 2 = 3$

(1)
$12 \div 6 = 2$
$12 \div 2 = 6$

(2)
$8 \div 8 = 1$
$8 \div 2 = 4$
$8 \div 1 = 8$
$8 \div 4 = 2$

(3)
$18 \div 6 = 3$
$18 \div 2 = 9$
$18 \div 9 = 2$
$18 \div 3 = 6$

(4)
$14 \div 7 = 2$
$14 \div 2 = 7$

(5)
$45 \div 5 = 9$
$45 \div 9 = 5$

문제 3 | 빈칸에 알맞은 수를 쓰시오.

(1) 몫
8, 14, 16, 18, 6 $\div 2$ → 4, 7, 8, 9, 3

(2) 몫
18, 6, 15, 3, 9 $\div 3$ → 6, 2, 5, 1, 3

(3) 몫
8, 16, 28, 32, 36 $\div 4$ → 2, 4, 7, 8, 9

(4) 몫
6, 18, 36, 54, 30 $\div 6$ → 1, 3, 6, 9, 5

11일차 나눗셈을 곱셈으로(1)

(5) 몫
35, 42, 63, 56, 21 $\div 7$ → 5, 6, 9, 8, 3

(6) 몫
36, 18, 63, 81, 9 $\div 9$ → 4, 2, 7, 9, 1

(7) 몫
3, 18, 27, 12, 6 $\div 3$ → 1, 6, 9, 4, 2

(8) 몫
8, 20, 16, 36, 24 $\div 4$ → 2, 5, 4, 9, 6

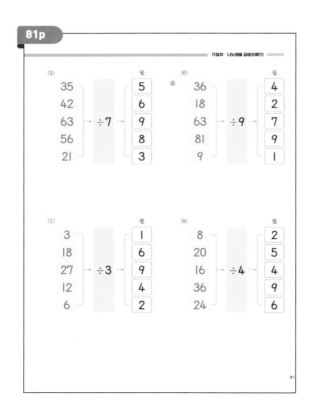

12일차 나눗셈을 곱셈으로 (2)

✏ 공부한 날짜   월   일

문제 1 | 빈칸에 알맞은 수를 쓰시오.

(1)　　　　　　몫　　　나머지
$9 \div 2 = 4$ …
$43 \div 6 = 7$ …
$16 \div 3 = 5$ … 1
$13 \div 4 = 3$ …

(2)　　　　　　몫　　　나머지
$17 \div 5 = 3$ …
$50 \div 6 = 8$ …
$17 \div 3 = 5$ … 2
$14 \div 4 = 3$ …

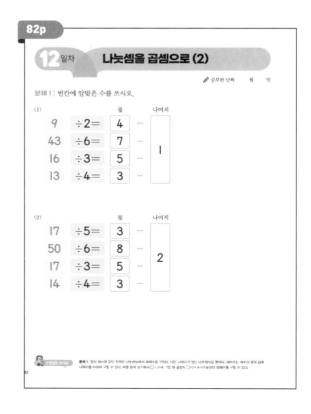

12일차 | 나눗셈을 곱셈으로(2)

(3)

		몫		나머지
8	÷5=	1	···	
17	÷7=	2	···	3
57	÷6=	9	···	
30	÷9=	3	···	

(4)

		몫		나머지
20	÷8=	2	···	
19	÷5=	3	···	4
49	÷9=	5	···	
53	÷7=	7	···	

(5)

		몫		나머지
36	÷7=	5	···	
19	÷6=	3	···	1
21	÷5=	4	···	
65	÷8=	8	···	

(6)

		몫		나머지
14	÷3=	4	···	
10	÷8=	1	···	2
58	÷7=	8	···	
47	÷9=	5	···	

문제 2 | 보기와 같이 나눗셈의 몫과 나머지를 구하고 다시 곱셈으로 고치시오.

보기

나눗셈식 : $25÷3=8···1$

곱셈식 : $3×8+1=25$

(1)
나눗셈식 : $42÷5=(\ 8···2\ )$

곱셈식 : $5×8+2=42$

(2)
나눗셈식 : $59÷7=(\ 8···3\ )$

곱셈식 : $7×8+3=59$

문제 2 앞의 문제에서 피제수를 구했던 풀이 과정을 이번에는 곱셈식으로 나타낸다. 이렇게 나머지가 있는 나눗셈도 곱셈식으로 나타낼 수 있음을 이해한다.

12일차 | 나눗셈을 곱셈으로(2)

(3)
나눗셈식 : $28÷6=(\ 4···4\ )$

곱셈식 : $6×4+4=28$

(4)
나눗셈식 : $33÷8=(\ 4···1\ )$

곱셈식 : $8×4+1=33$

(5)
나눗셈식 : $15÷2=(\ 7···1\ )$

곱셈식 : $2×7+1=15$

(6)
나눗셈식 : $78÷8=(\ 9···6\ )$

곱셈식 : $8×9+6=78$

(7)
나눗셈식 : $27÷4=(\ 6···3\ )$

곱셈식 : $4×6+3=27$

(8)
나눗셈식 : $48÷7=(\ 6···6\ )$

곱셈식 : $7×6+6=48$

13 일차 나눗셈을 곱셈으로 (3)

✏ 공부한 날짜   월   일

문제 1 | 빈칸에 알맞은 수를 쓰시오.

(1)

			몫		나머지
9			2	···	1
22			5	···	2
13	→	÷4 →	3	···	1
7			1	···	3
39			9	···	3

(2)

		몫		나머지
23	÷6=	3	···	
53	÷8=	6	···	5
14	÷9=	1	···	
19	÷7=	2	···	

문제 1 앞 차시의 복습이다.

＋ 정답 ÷

13회차 나눗셈을 곱셈으로(3)

문제 2 | 문제를 읽고, 알맞은 식과 답을 쓰시오.

(1) 초콜릿 17조각을 한 명에게 6조각씩 똑같이 나누려고 합니다.
몇 명에게 나누어 줄 수 있고 몇 조각이 남을까요?

식: $17 ÷ 6 = 2 \cdots 5$

답: 2 명 ... 5 조각

(2) 50개의 야구공을 한 바구니에 똑같이 9개씩 넣으려고 합니다. 몇 개의 바구니가
필요하고 남는 야구공은 몇 개일까요?

식: $50 ÷ 9 = 5 \cdots 5$

답: 5 개 ... 5 개

(3) 딸기 26개를 한 명에게 8개씩 똑같이 나누어 주려고 합니다. 모두 몇 명에게 주
고 몇 개가 남을까요?

식: $26 ÷ 8 = 3 \cdots 2$

답: 3 명 ... 2 개

 문제 2 나머지가 있는 나눗셈으로 나타낼 수 있는 활용문제입니다.

87

(4) 사과 39개를 한 명에게 5개씩 똑같이 나누어 주려고 합니다. 모두 몇 명에게 주
고 몇 개가 남을까요?

식: $39 ÷ 5 = 7 \cdots 4$

답: 7 명 ... 4 개

(5) 세 발 자전거를 만드는 바퀴 25개가 있습니다. 몇 대의 자전거를 만들 수 있고 남
는 바퀴는 몇 개일까요?

식: $25 ÷ 3 = 8 \cdots 1$

답: 8 대 ... 1 개

(6) 달걀 57개를 한 바구니에 똑같이 6개씩 담으려고 합니다. 바구니가 몇 개 필요하
고 남는 달걀은 몇 개일까요?

식: $57 ÷ 6 = 9 \cdots 3$

답: 9 대 ... 3 개

13회차 나눗셈을 곱셈으로(3)

문제 3 | 문제를 읽고, 알맞은 식과 답을 쓰시오.

(1) 야구공을 한 바구니에 똑같이 6개씩 3개의 바구니에 넣고 2개가 남았습니다.
야구공은 모두 몇 개입니까?

식: $6 × 3 + 2 = 20$

답: 20 개

(2) 사탕을 봉투 한 개에 똑같이 4개씩 7개의 봉투에 넣고 3개의 사탕이 남았습니다.
사탕은 모두 몇 개입니까?

식: $4 × 7 + 3 = 31$

답: 31 개

(3) 색종이를 똑같이 3장씩 9명에게 나누어 주고 2장이 남았습니다.
색종이는 모두 몇 장입니까?

식: $3 × 9 + 2 = 29$

답: 29 장

 문제 3 앞의 나눗셈과 같은 문제 상황이지만, 곱셈을 이용하여 답의 문제를 비교하면 곱의 같은 구조의 쉬워진 이용 여러 과정 문제도 무상태다.

89

13회차 나눗셈을 곱셈으로(3)

(4) 알약을 매일 똑같이 2알씩 6일 동안 먹고 한 알이 남았습니다.
알약은 모두 몇 알 있었나요?

식: $2 × 6 + 1 = 13$

답: 13 알

(5) 물티슈를 매일 똑같이 5장씩 6일 동안 쓰고 4장이 남았습니다.
물티슈는 모두 몇 장 있었나요?

식: $5 × 6 + 4 = 34$

답: 34 장

(6) 달걀을 한 상자에 똑같이 6개씩 7상자에 담았더니 3개가 남았습니다.
달걀은 모두 몇 개입니까?

식: $6 × 7 + 3 = 45$

답: 45 개

2 두 자리 수의 곱셈

1일차 (십 몇)×(몇) (1)

✏️ 공부한 날짜   월   일

문제 1 | 빈칸에 알맞은 수를 써넣으시오.

×	0	1	2	3	4	5	6	7	8	9
0	0	0	0	0	0	0	0	0	0	0
1	0	1	2	3	4	5	6	7	8	9
2	0	2	4	6	8	10	12	14	16	18
3	0	3	6	9	12	15	18	21	24	27
4	0	4	8	12	16	20	24	28	32	36
5	0	5	10	15	20	25	30	35	40	45
6	0	6	12	18	24	30	36	42	48	54
7	0	7	14	21	28	35	42	49	56	63
8	0	8	16	24	32	40	48	56	64	72
9	0	9	18	27	36	45	54	63	72	81

문제 2 | 보기와 같이 빈칸에 알맞은 식과 수를 쓰시오.

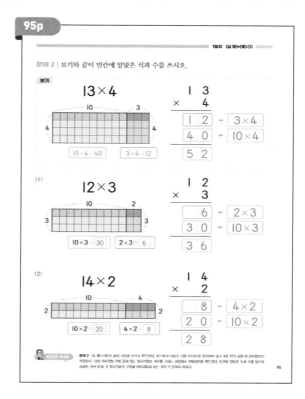

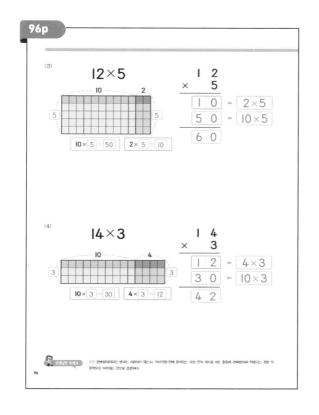

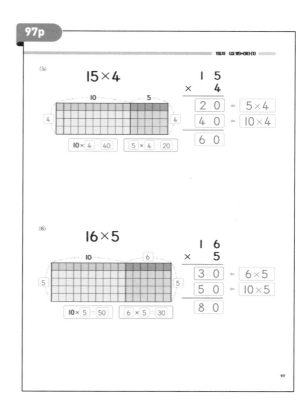

98p

문제 3 | 보기와 같이 □ 안에 알맞은 수를 쓰시오.

보기

```
      1 7              1 7
  ×     3          ×     3
  [2 1] ← [7×3]     [5 1]
  [3 0] ← [10×3]
  [5 1]
```

(1)
```
      1 2              1 2
  ×     7          ×     7
  [1 4] ← [2×7]     [8 4]
  [7 0] ← [10×7]
  [8 4]
```

문제 3 세요시에서 (십 몇)×(몇)의 곱셈 과정을 익힌다. 일의 자리와 십의 자리 곱셈을 구별하는 것이 핵심이다.

98

99p

1일차 (십 몇)×(몇) (2)

(2)
```
      1 5              1 5
  ×     4          ×     4
  [2 0] ← [5×4]     [6 0]
  [4 0] ← [10×4]
  [6 0]
```

(3)
```
      1 6              1 6
  ×     3          ×     3
  [1 8] ← [6×3]     [4 8]
  [3 0] ← [10×3]
  [4 8]
```

(4)
```
      1 8              1 8
  ×     5          ×     5
  [4 0] ← [8×5]     [9 0]
  [5 0] ← [10×5]
  [9 0]
```

99

100p

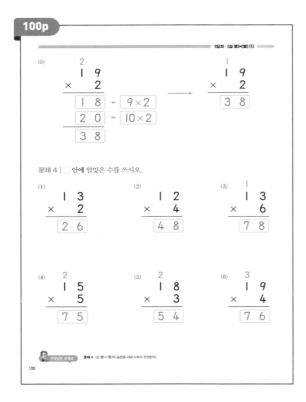

1일차 (십 몇)×(몇) (1)

(5)
```
      1 9              1 9
  ×     2          ×     2
  [1 8] ← [9×2]     [3 8]
  [2 0] ← [10×2]
  [3 8]
```

문제 4 | □ 안에 알맞은 수를 쓰시오.

(1)
```
    1 3
  ×   2
  [2 6]
```
(2)
```
    1 2
  ×   4
  [4 8]
```
(3)
```
    1 3
  ×   6
  [7 8]
```

(4)
```
    1 5
  ×   5
  [7 5]
```
(5)
```
    1 8
  ×   3
  [5 4]
```
(6)
```
    1 9
  ×   4
  [7 6]
```

문제 4 (십 몇)×(몇)의 곱셈을 세로 노셈으로 완성한다.

100

101p

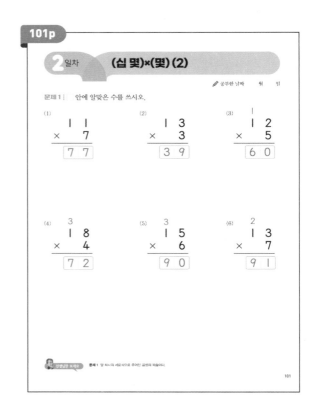

2일차 (십 몇)×(몇) (2)

✏ 공부한 날짜   월   일

문제 1 | □ 안에 알맞은 수를 쓰시오.

(1)
```
    1 1
  ×   7
  [7 7]
```
(2)
```
    1 3
  ×   3
  [3 9]
```
(3)
```
    1 2
  ×   5
  [6 0]
```

(4)
```
    1 8
  ×   4
  [7 2]
```
(5)
```
    1 5
  ×   6
  [9 0]
```
(6)
```
    1 3
  ×   7
  [9 1]
```

문제 1 앞 차시의 세로 셈으로 주어진 곱셈의 학습이다.

101

102p

문제 2 | 보기와 같이 빈칸에 알맞은 식과 수를 쓰시오.

보기

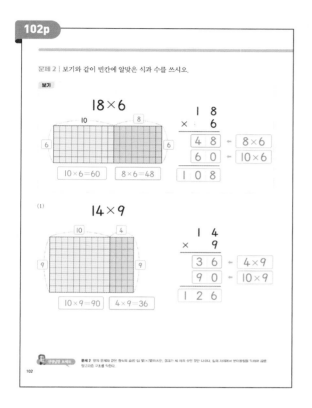

103p

2일차 (십 몇)×(몇) (2)

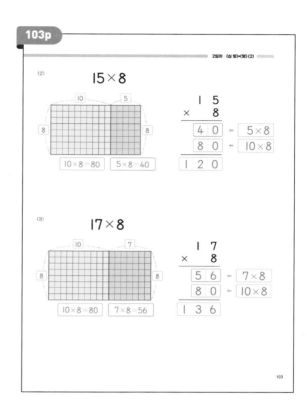

104p

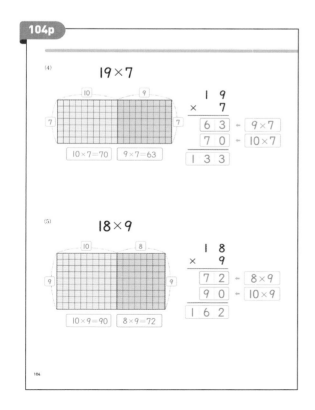

105p

2일차 (십 몇)×(몇) (2)

문제 3 | 보기와 같이 ☐ 안에 알맞은 식과 수를 쓰시오.

보기

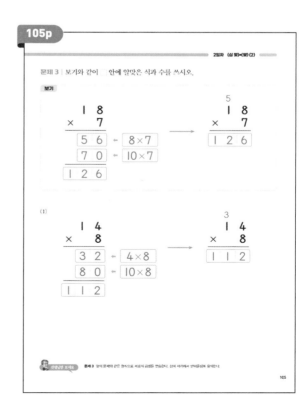

106p

(2)

```
    1 7
  ×   7
  ─────
  4 9  ← 7×7
  7 0  ← 10×7
  ─────
  1 1 9
```
→
```
    4
    1 7
  ×   7
  ─────
  1 1 9
```

(3)

```
    1 6
  ×   8
  ─────
  4 8  ← 6×8
  8 0  ← 10×8
  ─────
  1 2 8
```
→
```
    4
    1 6
  ×   8
  ─────
  1 2 8
```

(4)

```
    1 6
  ×   9
  ─────
  5 4  ← 6×9
  9 0  ← 10×9
  ─────
  1 4 4
```
→
```
    5
    1 6
  ×   9
  ─────
  1 4 4
```

106

107p

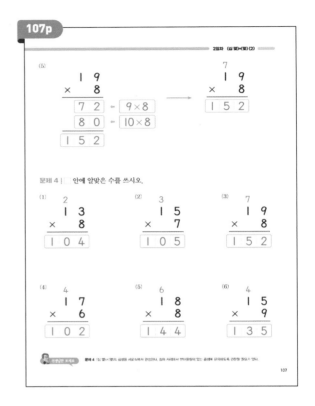

(5)

```
    1 9
  ×   8
  ─────
  7 2  ← 9×8
  8 0  ← 10×8
  ─────
  1 5 2
```
→
```
    7
    1 9
  ×   8
  ─────
  1 5 2
```

문제 4 | 안에 알맞은 수를 쓰시오.

(1)
```
    2
    1 3
  ×   8
  ─────
  1 0 4
```
(2)
```
    3
    1 5
  ×   7
  ─────
  1 0 5
```
(3)
```
    7
    1 9
  ×   8
  ─────
  1 5 2
```

(4)
```
    4
    1 7
  ×   6
  ─────
  1 0 2
```
(5)
```
    6
    1 8
  ×   8
  ─────
  1 4 4
```
(6)
```
    4
    1 5
  ×   9
  ─────
  1 3 5
```

문제 4 (십 몇)×(몇)의 곱셈들 세로 노트로 완성한다. 참과 사례에서 받아올림이 있는 곱셈을 알아차리도록 연습할 필요가 있다.

107

108p

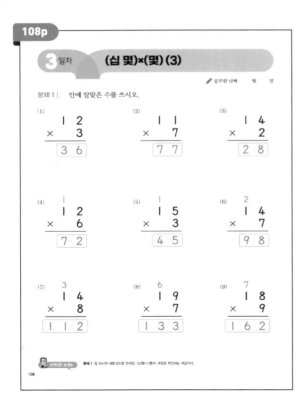

3 일차 (십 몇)×(몇)(3)

공부한 날짜   월   일

문제 1 | 안에 알맞은 수를 쓰시오.

(1)
```
    1 2
  ×   3
  ─────
    3 6
```
(2)
```
    1 1
  ×   7
  ─────
    7 7
```
(3)
```
    1 4
  ×   2
  ─────
    2 8
```

(4)
```
    1
    1 2
  ×   6
  ─────
    7 2
```
(5)
```
    1
    1 5
  ×   3
  ─────
    4 5
```
(6)
```
    2
    1 4
  ×   7
  ─────
    9 8
```

(7)
```
    3
    1 4
  ×   8
  ─────
  1 1 2
```
(8)
```
    6
    1 9
  ×   7
  ─────
  1 3 3
```
(9)
```
    7
    1 8
  ×   9
  ─────
  1 6 2
```

문제 1 앞 차시의 세로 식으로 주어진 (십 몇)×(몇)의 과정을 확인하는 복습이다.

108

109p

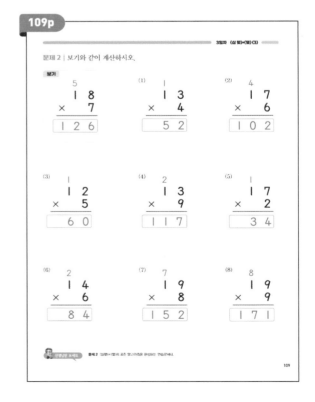

문제 2 | 보기와 같이 계산하시오.

보기
```
    5
    1 8
  ×   7
  ─────
  1 2 6
```
(1)
```
    1
    1 3
  ×   4
  ─────
    5 2
```
(2)
```
    4
    1 7
  ×   6
  ─────
  1 0 2
```

(3)
```
    1
    1 2
  ×   5
  ─────
    6 0
```
(4)
```
    2
    1 3
  ×   9
  ─────
  1 1 7
```
(5)
```
    1
    1 7
  ×   2
  ─────
    3 4
```

(6)
```
    2
    1 4
  ×   6
  ─────
    8 4
```
(7)
```
    7
    1 9
  ×   8
  ─────
  1 5 2
```
(8)
```
    8
    1 9
  ×   9
  ─────
  1 7 1
```

문제 2 (십 몇)×(몇)의 모든 알고리즘을 완성하는 연습문제다.

109

110p

문제 3 | 다음을 계산하시오.

(1)
```
  1 2
×   4
─────
  4 8
```

(2)
```
    4
  1 8
×   5
─────
  9 0
```

(3)
```
  1
  1 3
×   6
─────
  7 8
```

(4)
```
  3
  1 5
×   7
─────
1 0 5
```

(5)
```
  1 3
×   3
─────
  3 9
```

(6)
```
  3
  1 4
×   9
─────
1 2 6
```

(7)
```
  1 1
×   8
─────
  8 8
```

(8)
```
  1
  1 7
×   2
─────
  3 4
```

(9)
```
  7
  1 8
×   9
─────
1 6 2
```

(10)
```
  1
  1 2
×   8
─────
  9 6
```

(11)
```
  1 4
×   2
─────
  2 8
```

(12)
```
  5
  1 9
×   6
─────
1 1 4
```

문제 2 앞의 문제와 같이 풀어 보고 지도를 드립니다.

110

111p

4일차　(몇)×(십 몇) (1)

✏ 공부한 날짜　월　일

문제 1 | 다음을 계산하시오.

(1)
```
  2
  1 9
×   3
─────
  5 7
```

(2)
```
  2
  1 4
×   5
─────
  7 0
```

(3)
```
  1 1
×   4
─────
  4 4
```

(4)
```
  1
  1 8
×   2
─────
  3 6
```

(5)
```
  3
  1 4
×   9
─────
1 2 6
```

(6)
```
  4
  1 5
×   8
─────
1 2 0
```

문제 1 앞 차시는 (십몇) × (몇)의 곱셈을 서로도에서 연습하던 복습활동이다.

111

112p

문제 2 | 보기와 같이 빈칸에 알맞은 식과 수를 넣으시오.

보기

2×13

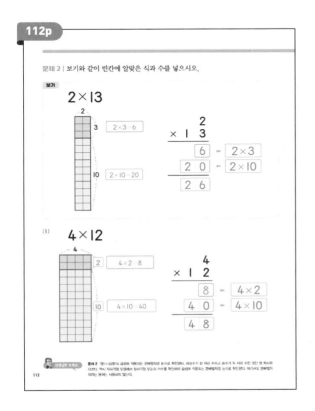

(1)

4×12

문제 2 (몇)×(십몇)의 곱셈에 적용되는 분배법칙의 눈으로 확인한다. 피승수가 한 자리 수이고 승수가 두 자리 수인 것은? 앞 차시와 다르다. 역시 세로셈형 모델에서 첨삭지면 나누는 가수를 확인하며 있는 가수를 확인하여 적용되는 분배법칙의 눈으로 확인한다. 여기서도 분배법칙이라는 용어는 사용하지 않는다.

112

113p

(2)

5×13

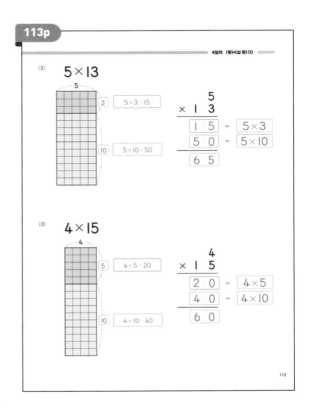

(3)

4×15

113

정답

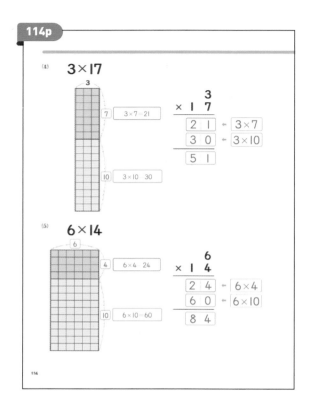

(4) 3×17

(5) 6×14

문제 3 | 보기와 같이 □ 안에 알맞은 식과 수를 쓰시오.

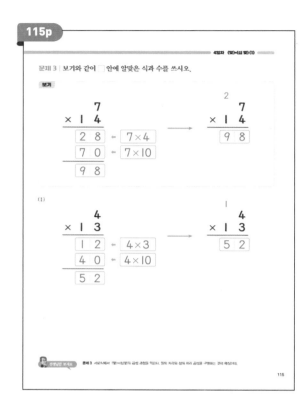

보기

(1)

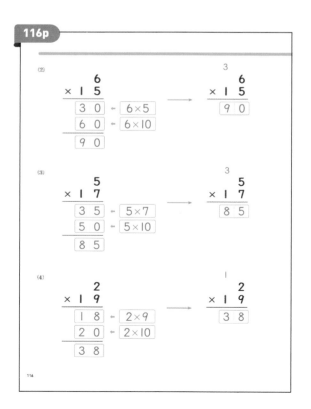

(2)

(3)

(4)

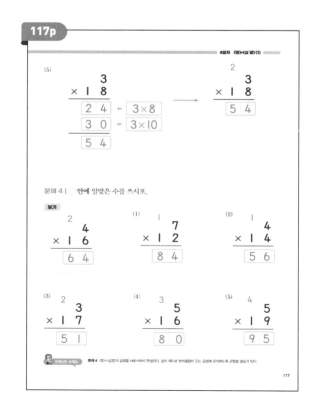

(5)

문제 4 | □ 안에 알맞은 수를 쓰시오.

보기

(1) (2)

(3) (4) (5)

5 일차 (몇)×(십 몇)(2)

문제 1 | □ 안에 알맞은 식과 수를 쓰시오.

(1)
```
    2
×  1 7
  3 4
```

(2)
```
    4
×  1 9
  7 6
```

(3)
```
    5
×  1 5
  7 5
```

(4)
```
    5
×  1 9
  9 5
```

(5)
```
    3
×  1 5
  4 5
```

(6)
```
    8
×  1 2
  9 6
```

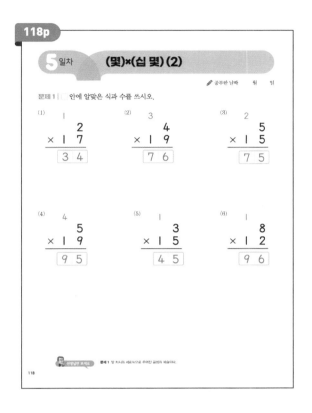

5일차 (몇)×(십 몇)(2)

문제 2 | 보기와 같이 빈칸에 알맞은 식과 수를 쓰시오.

보기

7×16

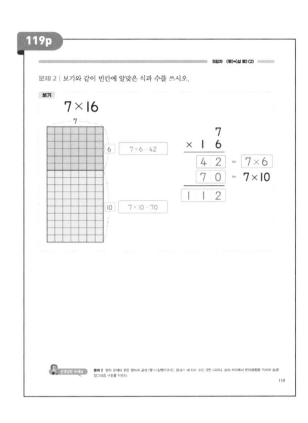

5일차 (몇)×(십 몇)(2)

(1) 6×18

(2) 7×15

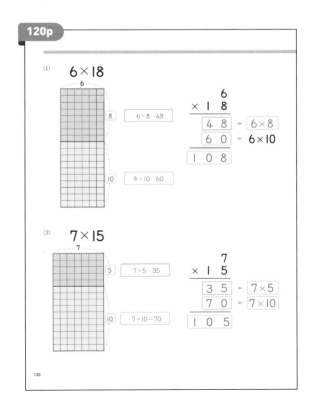

5일차 (몇)×(십 몇)(2)

(3) 8×14

(4) 9×17

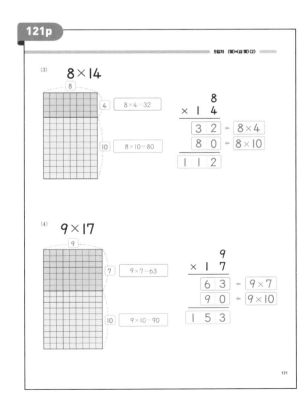

＋ 정답 ÷

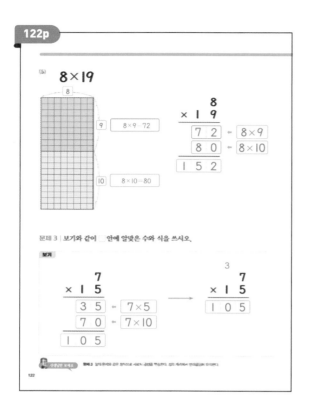

(5) 8×19

$$\begin{array}{r} 8 \\ \times\ 1\ 9 \\ \hline 7\ 2 \\ 8\ 0 \\ \hline 1\ 5\ 2 \end{array}$$

$7\ 2 \leftarrow 8 \times 9$
$8\ 0 \leftarrow 8 \times 10$

문제 3 | 보기와 같이 □ 안에 알맞은 수와 식을 쓰시오.

보기

$$\begin{array}{r} 7 \\ \times\ 1\ 5 \\ \hline 3\ 5 \\ 7\ 0 \\ \hline 1\ 0\ 5 \end{array}$$

$3\ 5 \leftarrow 7 \times 5$
$7\ 0 \leftarrow 7 \times 10$

$$\begin{array}{r} {}^3\ 7 \\ \times\ 1\ 5 \\ \hline 1\ 0\ 5 \end{array}$$

122

5단계 (몇)×(몇 몇)(2)

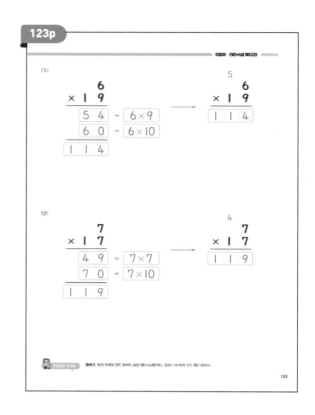

(1)
$$\begin{array}{r} 6 \\ \times\ 1\ 9 \\ \hline 5\ 4 \\ 6\ 0 \\ \hline 1\ 1\ 4 \end{array}$$

$5\ 4 \leftarrow 6 \times 9$
$6\ 0 \leftarrow 6 \times 10$

$$\begin{array}{r} {}^5\ 6 \\ \times\ 1\ 9 \\ \hline 1\ 1\ 4 \end{array}$$

(2)
$$\begin{array}{r} 7 \\ \times\ 1\ 7 \\ \hline 4\ 9 \\ 7\ 0 \\ \hline 1\ 1\ 9 \end{array}$$

$4\ 9 \leftarrow 7 \times 7$
$7\ 0 \leftarrow 7 \times 10$

$$\begin{array}{r} {}^4\ 7 \\ \times\ 1\ 7 \\ \hline 1\ 1\ 9 \end{array}$$

123

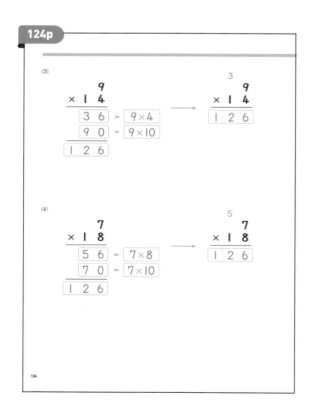

(3)
$$\begin{array}{r} 9 \\ \times\ 1\ 4 \\ \hline 3\ 6 \\ 9\ 0 \\ \hline 1\ 2\ 6 \end{array}$$

$3\ 6 \leftarrow 9 \times 4$
$9\ 0 \leftarrow 9 \times 10$

$$\begin{array}{r} {}^3\ 9 \\ \times\ 1\ 4 \\ \hline 1\ 2\ 6 \end{array}$$

(4)
$$\begin{array}{r} 7 \\ \times\ 1\ 8 \\ \hline 5\ 6 \\ 7\ 0 \\ \hline 1\ 2\ 6 \end{array}$$

$5\ 6 \leftarrow 7 \times 8$
$7\ 0 \leftarrow 7 \times 10$

$$\begin{array}{r} {}^5\ 7 \\ \times\ 1\ 8 \\ \hline 1\ 2\ 6 \end{array}$$

124

5단계 (몇)×(몇 몇)(2)

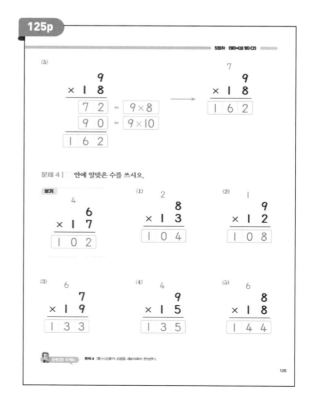

(5)
$$\begin{array}{r} 9 \\ \times\ 1\ 8 \\ \hline 7\ 2 \\ 9\ 0 \\ \hline 1\ 6\ 2 \end{array}$$

$7\ 2 \leftarrow 9 \times 8$
$9\ 0 \leftarrow 9 \times 10$

$$\begin{array}{r} {}^7\ 9 \\ \times\ 1\ 8 \\ \hline 1\ 6\ 2 \end{array}$$

문제 4 | □ 안에 알맞은 수를 쓰시오.

보기
$$\begin{array}{r} {}^4\ 6 \\ \times\ 1\ 7 \\ \hline 1\ 0\ 2 \end{array}$$

(1)
$$\begin{array}{r} {}^2\ 8 \\ \times\ 1\ 3 \\ \hline 1\ 0\ 4 \end{array}$$

(2)
$$\begin{array}{r} {}^1\ 9 \\ \times\ 1\ 2 \\ \hline 1\ 0\ 8 \end{array}$$

(3)
$$\begin{array}{r} {}^6\ 7 \\ \times\ 1\ 9 \\ \hline 1\ 3\ 3 \end{array}$$

(4)
$$\begin{array}{r} {}^4\ 9 \\ \times\ 1\ 5 \\ \hline 1\ 3\ 5 \end{array}$$

(5)
$$\begin{array}{r} {}^6\ 8 \\ \times\ 1\ 8 \\ \hline 1\ 4\ 4 \end{array}$$

125

126p

6 일차 (몇)×(십 몇)(3)

✏ 공부한 날짜   월   일

문제 1 | 다음을 계산하시오.

(1)
```
      4
  × 1 2
  ─────
    4 8
```
(2)
```
      6
  × 1 1
  ─────
    6 6
```
(3)
```
      3
  × 1 3
  ─────
    3 9
```

(4)
```
    1
      2
  × 1 6
  ─────
    3 2
```
(5)
```
    1
      5
  × 1 3
  ─────
    6 5
```
(6)
```
    2
      4
  × 1 7
  ─────
    6 8
```

(7)
```
    3
      4
  × 1 8
  ─────
    7 2
```
(8)
```
    6
      9
  × 1 7
  ─────
  1 5 3
```
(9)
```
    7
      8
  × 1 9
  ─────
  1 5 2
```

127p

6일차 (몇)×(십 몇)(3)

문제 2 | 보기와 같이 계산하시오.

보기
```
    5
      8
  × 1 7
  ─────
  1 3 6
```

(1)
```
    1
      3
  × 1 4
  ─────
    4 2
```
(2)
```
    4
      7
  × 1 6
  ─────
  1 1 2
```

(3)
```
    1
      2
  × 1 5
  ─────
    3 0
```
(4)
```
    2
      3
  × 1 9
  ─────
    5 7
```
(5)
```
    1
      7
  × 1 2
  ─────
    8 4
```

(6)
```
    2
      4
  × 1 6
  ─────
    6 4
```
(7)
```
    6
      9
  × 1 7
  ─────
  1 5 3
```
(8)
```
    7
      9
  × 1 8
  ─────
  1 6 2
```

128p

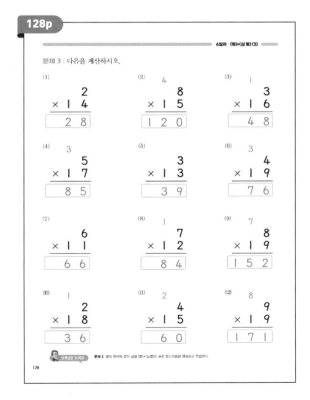

6일차 (몇)×(십 몇)(3)

문제 3 | 다음을 계산하시오.

(1)
```
      2
  × 1 4
  ─────
    2 8
```
(2)
```
    4
      8
  × 1 5
  ─────
  1 2 0
```
(3)
```
    1
      3
  × 1 6
  ─────
    4 8
```

(4)
```
    3
      5
  × 1 7
  ─────
    8 5
```
(5)
```
      3
  × 1 3
  ─────
    3 9
```
(6)
```
    3
      4
  × 1 9
  ─────
    7 6
```

(7)
```
      6
  × 1 1
  ─────
    6 6
```
(8)
```
    1
      7
  × 1 2
  ─────
    8 4
```
(9)
```
    7
      8
  × 1 9
  ─────
  1 5 2
```

(10)
```
    1
      2
  × 1 8
  ─────
    3 6
```
(11)
```
    2
      4
  × 1 5
  ─────
    6 0
```
(12)
```
    8
      9
  × 1 9
  ─────
  1 7 1
```

132p

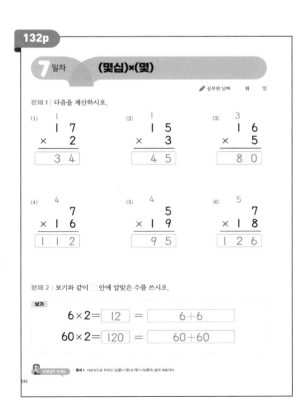

7 일차 (몇십)×(몇)

✏ 공부한 날짜   월   일

문제 1 | 다음을 계산하시오.

(1)
```
    1
  1 7
  ×   2
  ─────
    3 4
```
(2)
```
    1
  1 5
  ×   3
  ─────
    4 5
```
(3)
```
    3
  1 6
  ×   5
  ─────
    8 0
```

(4)
```
    4
  1 7
  ×   6
  ─────
  1 1 2
```
(5)
```
    4
  1 5
  ×   9
  ─────
    9 5
```
(6)
```
    5
  1 7
  ×   8
  ─────
  1 2 6
```

문제 2 | 보기와 같이 □ 안에 알맞은 수를 쓰시오.

보기
$$6 × 2 = \boxed{12} = \boxed{6+6}$$
$$60 × 2 = \boxed{120} = \boxed{60+60}$$

정답

7일차 (몇십)=(몇)

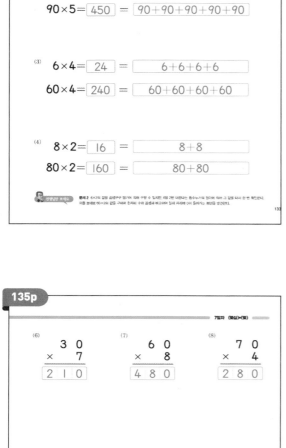

(1) $5 \times 3 = \boxed{15} = \boxed{5+5+5}$

$50 \times 3 = \boxed{150} = \boxed{50+50+50}$

(2) $9 \times 5 = \boxed{45} = \boxed{9+9+9+9+9}$

$90 \times 5 = \boxed{450} = \boxed{90+90+90+90+90}$

(3) $6 \times 4 = \boxed{24} = \boxed{6+6+6+6}$

$60 \times 4 = \boxed{240} = \boxed{60+60+60+60}$

(4) $8 \times 2 = \boxed{16} = \boxed{8+8}$

$80 \times 2 = \boxed{160} = \boxed{80+80}$

(5) $7 \times 5 = \boxed{35} = \boxed{7+7+7+7+7}$

$70 \times 5 = \boxed{350} = \boxed{70+70+70+70+70}$

문제 3 | 보기와 같이 ☐ 안에 알맞은 수를 쓰시오.

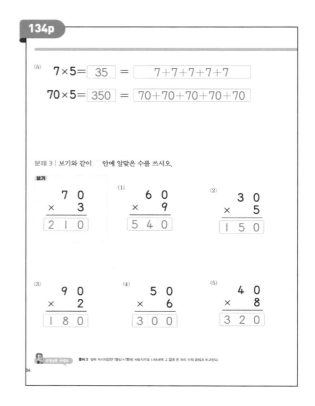

보기

$$\begin{array}{r} 7\ 0 \\ \times\quad 3 \\ \hline 2\ 1\ 0 \end{array}$$

(1)
$$\begin{array}{r} 6\ 0 \\ \times\quad 9 \\ \hline 5\ 4\ 0 \end{array}$$

(2)
$$\begin{array}{r} 3\ 0 \\ \times\quad 5 \\ \hline 1\ 5\ 0 \end{array}$$

(3)
$$\begin{array}{r} 9\ 0 \\ \times\quad 2 \\ \hline 1\ 8\ 0 \end{array}$$

(4)
$$\begin{array}{r} 5\ 0 \\ \times\quad 6 \\ \hline 3\ 0\ 0 \end{array}$$

(5)
$$\begin{array}{r} 4\ 0 \\ \times\quad 8 \\ \hline 3\ 2\ 0 \end{array}$$

7일차 (몇십)=(몇)

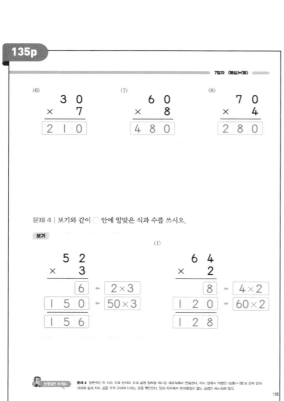

(6)
$$\begin{array}{r} 3\ 0 \\ \times\quad 7 \\ \hline 2\ 1\ 0 \end{array}$$

(7)
$$\begin{array}{r} 6\ 0 \\ \times\quad 8 \\ \hline 4\ 8\ 0 \end{array}$$

(8)
$$\begin{array}{r} 7\ 0 \\ \times\quad 4 \\ \hline 2\ 8\ 0 \end{array}$$

문제 4 | 보기와 같이 ☐ 안에 알맞은 식과 수를 쓰시오.

보기

$$\begin{array}{r} 5\ 2 \\ \times\quad 3 \\ \hline 6 \\ 1\ 5\ 0 \\ \hline 1\ 5\ 6 \end{array}$$
$\leftarrow 2 \times 3$
$\leftarrow 50 \times 3$

(1)
$$\begin{array}{r} 6\ 4 \\ \times\quad 2 \\ \hline 8 \\ 1\ 2\ 0 \\ \hline 1\ 2\ 8 \end{array}$$
$\leftarrow 4 \times 2$
$\leftarrow 60 \times 2$

7일차 (몇십)=(몇)

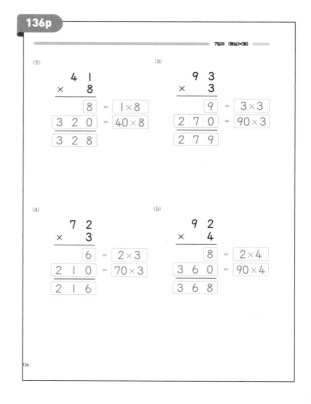

(2)
$$\begin{array}{r} 4\ 1 \\ \times\quad 8 \\ \hline 8 \\ 3\ 2\ 0 \\ \hline 3\ 2\ 8 \end{array}$$
$\leftarrow 1 \times 8$
$\leftarrow 40 \times 8$

(3)
$$\begin{array}{r} 9\ 3 \\ \times\quad 3 \\ \hline 9 \\ 2\ 7\ 0 \\ \hline 2\ 7\ 9 \end{array}$$
$\leftarrow 3 \times 3$
$\leftarrow 90 \times 3$

(4)
$$\begin{array}{r} 7\ 2 \\ \times\quad 3 \\ \hline 6 \\ 2\ 1\ 0 \\ \hline 2\ 1\ 6 \end{array}$$
$\leftarrow 2 \times 3$
$\leftarrow 70 \times 3$

(5)
$$\begin{array}{r} 9\ 2 \\ \times\quad 4 \\ \hline 8 \\ 3\ 6\ 0 \\ \hline 3\ 6\ 8 \end{array}$$
$\leftarrow 2 \times 4$
$\leftarrow 90 \times 4$

8 일차 (몇십 몇)×(몇) (1)

✏ 공부한 날짜   월   일

문제 1 □ 안에 알맞은 수를 쓰시오.

(1)
```
      3 1
    ×   6
      6     ← 1×6
    1 8 0   ← 30×6
    1 8 6
```

(2)
```
      9 3
    ×   2
      6     ← 3×2
    1 8 0   ← 90×2
    1 8 6
```

(3)
```
      4 2
    ×   3
      6     ← 2×3
    1 2 0   ← 40×3
    1 2 6
```

(4)
```
      5 4
    ×   2
      8     ← 4×2
    1 0 0   ← 50×2
    1 0 8
```

문제 1 (몇십 몇)×(몇)은 앞 자리 정보의 복습이고, 일의 자리에서 받아올림이 없는 유형만 제시되어 있다.

137

문제 2 보기와 같이 □ 안에 알맞은 수를 쓰시오.

보기
```
      2 4                      2 4
    ×   9                    ×   9
      3 6   ← 4×9    →      2 1 6
    1 8 0   ← 20×9
    2 1 6
```

(1)
```
      3 2                      3 2
    ×   6                    ×   6
      1 2   ← 2×6    →      1 9 2
    1 8 0   ← 30×6
    1 9 2
```

문제 2 (몇십 몇)×(몇)은 (몇)인 자리의 수의 원리이 수의 곱셈 정확을 제시한 세로셈에서 연습한다. 이와 앞서서 두 자리 (몇십 몇)과 같이 일의 자리의 십의 자리의 곱을 각각 더하는 것을 익힌다.

38

8일차 (몇십 몇)×(몇) (1)

(2)
```
      4 3                      4 3
    ×   9                    ×   9
      2 7   ← 3×9    →      3 8 7
    3 6 0   ← 40×9
    3 8 7
```

(3)
```
      8 5                      8 5
    ×   7                    ×   7
      3 5   ← 5×7    →      5 9 5
    5 6 0   ← 80×7
    5 9 5
```

(4)
```
      6 7                      6 7
    ×   3                    ×   3
      2 1   ← 7×3    →      2 0 1
    1 8 0   ← 60×3
    2 0 1
```

139

(5)
```
      2 9                      2 9
    ×   8                    ×   8
      7 2   ← 9×8    →      2 3 2
    1 6 0   ← 20×8
    2 3 2
```

(6)
```
      9 6                      9 6
    ×   3                    ×   3
      1 8   ← 6×3    →      2 8 8
    2 7 0   ← 90×3
    2 8 8
```

40

8일차 (몇십 몇)×(몇) (1)

문제 3 | □ 안에 알맞은 수를 쓰시오.

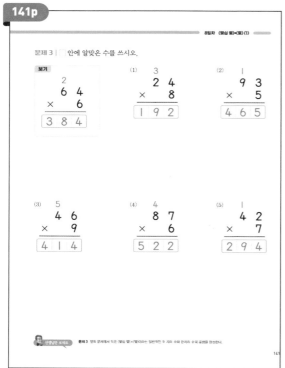

보기
```
      2
    6 4
  ×   6
  3 8 4
```

(1)
```
      3
    2 4
  ×   8
  1 9 2
```

(2)
```
      1
    9 3
  ×   5
  4 6 5
```

(3)
```
      5
    4 6
  ×   9
  4 1 4
```

(4)
```
      4
    8 7
  ×   6
  5 2 2
```

(5)
```
      1
    4 2
  ×   7
  2 9 4
```

선생님판 보세요 문제 3 앞의 문제에서 익힌 (몇십 몇)×(몇)이라는 일반 확인이 두 자리 수의 한자리 수를 곱셈을 완성한다.

141

9 일차 (몇십 몇)×(몇) (2)

✏ 공부한 날짜   월   일

문제 1 | 다음을 계산하시오.

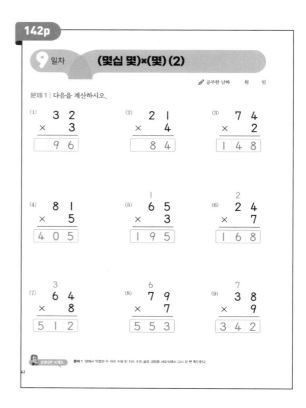

(1)
```
    3 2
  ×   3
    9 6
```

(2)
```
    2 1
  ×   4
    8 4
```

(3)
```
    7 4
  ×   2
  1 4 8
```

(4)
```
    8 1
  ×   5
  4 0 5
```

(5)
```
      1
    6 5
  ×   3
  1 9 5
```

(6)
```
      2
    2 4
  ×   7
  1 6 8
```

(7)
```
      3
    6 4
  ×   8
  5 1 2
```

(8)
```
      6
    7 9
  ×   7
  5 5 3
```

(9)
```
      7
    3 8
  ×   9
  3 4 2
```

선생님판 보세요 문제 1 앞에서 익혔던 두 자리 수의 수의 곱셈 과정을 세로식에서 다시 한 번 확인한다.

142

9일차 (몇십 몇)×(몇) (2)

문제 2 | 보기와 같이 계산하시오.

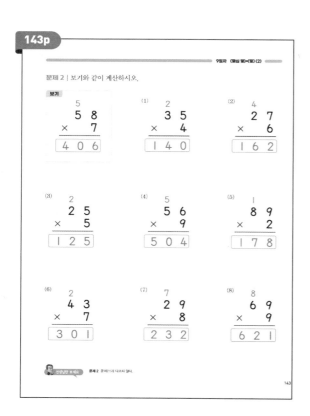

보기
```
    5 8
  ×   7
  4 0 6
```

(1)
```
    3 5
  ×   4
  1 4 0
```

(2)
```
    2 7
  ×   6
  1 6 2
```

(3)
```
    2 5
  ×   5
  1 2 5
```

(4)
```
    5 6
  ×   9
  5 0 4
```

(5)
```
    8 9
  ×   2
  1 7 8
```

(6)
```
    4 3
  ×   7
  3 0 1
```

(7)
```
    2 9
  ×   8
  2 3 2
```

(8)
```
    6 9
  ×   9
  6 2 1
```

선생님판 보세요 문제 2 문제1과 다르지 않다.

143

9일차 (몇십 몇)×(몇) (2)

문제 3 | 다음을 계산하시오.

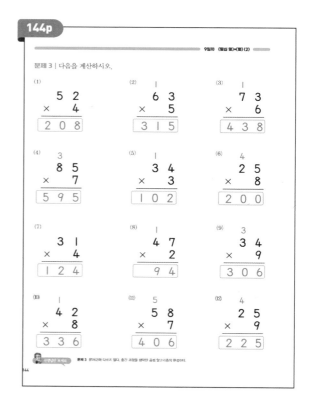

(1)
```
    5 2
  ×   4
  2 0 8
```

(2)
```
    6 3
  ×   5
  3 1 5
```

(3)
```
    7 3
  ×   6
  4 3 8
```

(4)
```
    8 5
  ×   7
  5 9 5
```

(5)
```
    3 4
  ×   3
  1 0 2
```

(6)
```
    2 5
  ×   8
  2 0 0
```

(7)
```
    3 1
  ×   4
  1 2 4
```

(8)
```
    4 7
  ×   2
    9 4
```

(9)
```
    3 4
  ×   9
  3 0 6
```

(10)
```
    4 2
  ×   8
  3 3 6
```

(11)
```
    5 8
  ×   7
  4 0 6
```

(12)
```
    2 5
  ×   9
  2 2 5
```

선생님판 보세요 문제 3 문제2와 다르지 않다. 중간 과정을 생략한 곱셈 암구식종의 완성되지.

144

10일차 (몇십 몇)×(몇) (3)

✏️ 공부한 날짜   월   일

문제 1 | 다음을 계산하시오.

(1)
```
   5 2
 ×   7
 ─────
 3 6 4
```

(2)
```
   3 5
 ×   8
 ─────
 2 8 0
```

(3)
```
   4 9
 ×   4
 ─────
 1 9 6
```

(4)
```
   9 7
 ×   6
 ─────
 5 8 2
```

(5)
```
   2 8
 ×   8
 ─────
 2 2 4
```

(6)
```
   7 8
 ×   9
 ─────
 7 0 2
```

문제 2 | 보기와 같이 ☐ 안에 알맞은 수를 쓰시오.

보기
$2 \times 3 = 6$
$20 \times 3 = 60$
$2 \times 30 = 60$

(1)
$4 \times 2 = 8$
$40 \times 2 = 80$
$4 \times 20 = 80$

(2)
$2 \times 8 = 16$
$20 \times 8 = 160$
$2 \times 80 = 160$

(3)
$3 \times 9 = 27$
$30 \times 9 = 270$
$3 \times 90 = 270$

(4)
$5 \times 7 = 35$
$50 \times 7 = 350$
$5 \times 70 = 350$

(5)
$8 \times 6 = 48$
$80 \times 6 = 480$
$8 \times 60 = 480$

문제 3 | 보기와 같이 ☐ 안에 알맞은 수를 쓰시오.

보기
```
   6
 × 4 0
 ─────
 2 4 0
```

(1)
```
   7
 × 8 0
 ─────
 5 6 0
```

(2)
```
   2
 × 9 0
 ─────
 1 8 0
```

10일차 (몇십 몇)×(몇) (3)

(3)
```
   3
 × 4 0
 ─────
 1 2 0
```

(4)
```
   2
 × 8 0
 ─────
 1 6 0
```

(5)
```
   8
 × 5 0
 ─────
 4 0 0
```

(6)
```
   7
 × 7 0
 ─────
 4 9 0
```

(7)
```
   5
 × 9 0
 ─────
 4 5 0
```

(8)
```
   9
 × 6 0
 ─────
 5 4 0
```

문제 4 | 보기와 같이 ☐ 안에 알맞은 수와 식을 쓰시오.

보기
```
     3
 ×   4 2
 ───────
     6   ← 3×2
 1 2 0   ← 3×40
 ───────
 1 2 6
```

(1)
```
     2
 ×   5 4
 ───────
     8   ← 2×4
 1 0 0   ← 2×50
 ───────
 1 0 8
```

10일차 (몇십 몇)×(몇) (3)

(2)
```
     6
 ×   8 1
 ───────
     6   ← 6×1
 4 8 0   ← 6×80
 ───────
 4 8 6
```

(3)
```
     3
 ×   6 3
 ───────
     9   ← 3×3
 1 8 0   ← 3×60
 ───────
 1 8 9
```

(4)
```
     4
 ×   7 2
 ───────
     8   ← 4×2
 2 8 0   ← 4×70
 ───────
 2 8 8
```

(5)
```
     2
 ×   6 3
 ───────
     6   ← 2×3
 1 2 0   ← 2×60
 ───────
 1 2 6
```

149p

11일차 (몇)×(몇십 몇) (1)

✏️ 공부한 날짜   월   일

문제 1 | 다음을 계산하시오.

(1)
$$\begin{array}{r} 8 \\ \times\ 7\ 1 \\ \hline \end{array}$$
8 ← 8×1
5 6 0 ← 8×70
5 6 8

(2)
$$\begin{array}{r} 2 \\ \times\ 9\ 2 \\ \hline \end{array}$$
4 ← 2×2
1 8 0 ← 2×90
1 8 4

(3)
$$\begin{array}{r} 8 \\ \times\ 2\ 1 \\ \hline \end{array}$$
8 ← 8×1
1 6 0 ← 8×20
1 6 8

(4)
$$\begin{array}{r} 3 \\ \times\ 5\ 2 \\ \hline \end{array}$$
6 ← 3×2
1 5 0 ← 3×50
1 5 6

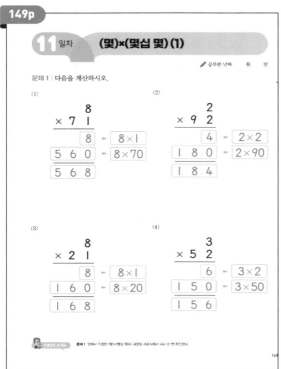

150p

문제 2 | 보기와 같이 □ 안에 알맞은 수를 쓰시오.

보기
$$\begin{array}{r} 7 \\ \times\ 2\ 5 \\ \hline \end{array}$$
3 5 ← 7×5
1 4 0 ← 7×20
1 7 5
→
$$\begin{array}{r} 3 \\ 7 \\ \times\ 2\ 5 \\ \hline \end{array}$$
1 7 5

(1)
$$\begin{array}{r} 6 \\ \times\ 2\ 5 \\ \hline \end{array}$$
3 0 ← 6×5
1 2 0 ← 6×20
1 5 0
→
$$\begin{array}{r} 3 \\ 6 \\ \times\ 2\ 5 \\ \hline \end{array}$$
1 5 0

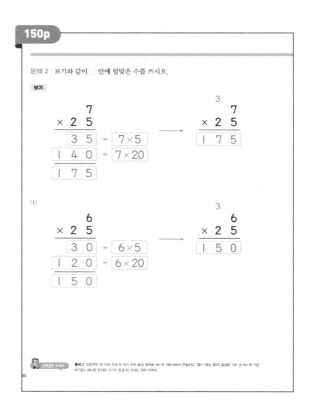

151p

11일차 (몇)×(몇십 몇) (1)

(2)
$$\begin{array}{r} 5 \\ \times\ 4\ 3 \\ \hline \end{array}$$
1 5 ← 5×3
2 0 0 ← 5×40
2 1 5
→
$$\begin{array}{r} 1 \\ 5 \\ \times\ 4\ 3 \\ \hline \end{array}$$
2 1 5

(3)
$$\begin{array}{r} 8 \\ \times\ 2\ 7 \\ \hline \end{array}$$
5 6 ← 8×7
1 6 0 ← 8×20
2 1 6
→
$$\begin{array}{r} 5 \\ 8 \\ \times\ 2\ 7 \\ \hline \end{array}$$
2 1 6

(4)
$$\begin{array}{r} 7 \\ \times\ 5\ 4 \\ \hline \end{array}$$
2 8 ← 7×4
3 5 0 ← 7×50
3 7 8
→
$$\begin{array}{r} 2 \\ 7 \\ \times\ 5\ 4 \\ \hline \end{array}$$
3 7 8

152p

(5)
$$\begin{array}{r} 9 \\ \times\ 4\ 8 \\ \hline \end{array}$$
7 2 ← 9×8
3 6 0 ← 9×40
4 3 2
→
$$\begin{array}{r} 7 \\ 9 \\ \times\ 4\ 8 \\ \hline \end{array}$$
4 3 2

(6)
$$\begin{array}{r} 4 \\ \times\ 3\ 9 \\ \hline \end{array}$$
3 6 ← 4×9
1 2 0 ← 4×30
1 5 6
→
$$\begin{array}{r} 3 \\ 4 \\ \times\ 3\ 9 \\ \hline \end{array}$$
1 5 6

(7)
$$\begin{array}{r} 9 \\ \times\ 7\ 7 \\ \hline \end{array}$$
6 3 ← 9×7
6 3 0 ← 9×70
6 9 3
→
$$\begin{array}{r} 6 \\ 9 \\ \times\ 7\ 7 \\ \hline \end{array}$$
6 9 3

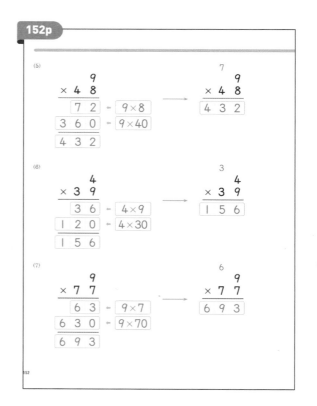

11일차 (몇)×(몇십 몇) (1)

문제 3 | 보기와 같이 □ 안에 알맞은 수를 쓰시오.

보기
$$\begin{array}{r} 6 \\ \times\ 52 \\ \hline 312 \end{array}$$

(1) 4
$$\begin{array}{r} 5 \\ \times\ 48 \\ \hline 240 \end{array}$$

(2) 2
$$\begin{array}{r} 7 \\ \times\ 54 \\ \hline 378 \end{array}$$

(3) 3
$$\begin{array}{r} 6 \\ \times\ 75 \\ \hline 450 \end{array}$$

(4) 4
$$\begin{array}{r} 6 \\ \times\ 87 \\ \hline 522 \end{array}$$

(5) 2
$$\begin{array}{r} 3 \\ \times\ 69 \\ \hline 207 \end{array}$$

12일차 (몇)×(몇십 몇) (2)

공부한 날짜   월   일

문제 1 | 다음을 계산하시오.

(1)
$$\begin{array}{r} 2 \\ \times\ 43 \\ \hline 86 \end{array}$$

(2)
$$\begin{array}{r} 3 \\ \times\ 31 \\ \hline 93 \end{array}$$

(3)
$$\begin{array}{r} 3 \\ \times\ 73 \\ \hline 219 \end{array}$$

(4)
$$\begin{array}{r} 2 \\ \times\ 94 \\ \hline 188 \end{array}$$

(5)
$$\begin{array}{r} 4 \\ \times\ 56 \\ \hline 224 \end{array}$$

(6)
$$\begin{array}{r} 5 \\ \times\ 28 \\ \hline 140 \end{array}$$

(4)
$$\begin{array}{r} 9 \\ \times\ 43 \\ \hline 387 \end{array}$$

(5)
$$\begin{array}{r} 8 \\ \times\ 38 \\ \hline 304 \end{array}$$

(6)
$$\begin{array}{r} 9 \\ \times\ 26 \\ \hline 234 \end{array}$$

12일차 (몇)×(몇십 몇) (2)

문제 2 | 보기와 같이 계산하시오.

보기
$$\begin{array}{r} 8 \\ \times\ 26 \\ \hline 208 \end{array}$$

(1)
$$\begin{array}{r} 3 \\ \times\ 54 \\ \hline 162 \end{array}$$

(2)
$$\begin{array}{r} 2 \\ \times\ 69 \\ \hline 138 \end{array}$$

(3)
$$\begin{array}{r} 7 \\ \times\ 32 \\ \hline 224 \end{array}$$

(4)
$$\begin{array}{r} 5 \\ \times\ 29 \\ \hline 145 \end{array}$$

(5)
$$\begin{array}{r} 4 \\ \times\ 75 \\ \hline 300 \end{array}$$

(6)
$$\begin{array}{r} 8 \\ \times\ 63 \\ \hline 504 \end{array}$$

(7)
$$\begin{array}{r} 9 \\ \times\ 58 \\ \hline 522 \end{array}$$

(8)
$$\begin{array}{r} 6 \\ \times\ 49 \\ \hline 294 \end{array}$$

12일차 (몇)×(몇십 몇) (2)

문제 3 | 다음을 계산하시오.

(1)
$$\begin{array}{r} 2 \\ \times\ 57 \\ \hline 114 \end{array}$$

(2)
$$\begin{array}{r} 8 \\ \times\ 22 \\ \hline 176 \end{array}$$

(3)
$$\begin{array}{r} 4 \\ \times\ 23 \\ \hline 92 \end{array}$$

(4)
$$\begin{array}{r} 9 \\ \times\ 24 \\ \hline 216 \end{array}$$

(5)
$$\begin{array}{r} 3 \\ \times\ 38 \\ \hline 114 \end{array}$$

(6)
$$\begin{array}{r} 4 \\ \times\ 49 \\ \hline 196 \end{array}$$

(7)
$$\begin{array}{r} 5 \\ \times\ 78 \\ \hline 390 \end{array}$$

(8)
$$\begin{array}{r} 7 \\ \times\ 41 \\ \hline 287 \end{array}$$

(9)
$$\begin{array}{r} 8 \\ \times\ 39 \\ \hline 312 \end{array}$$

(10)
$$\begin{array}{r} 3 \\ \times\ 82 \\ \hline 246 \end{array}$$

(11)
$$\begin{array}{r} 6 \\ \times\ 34 \\ \hline 204 \end{array}$$

(12)
$$\begin{array}{r} 9 \\ \times\ 99 \\ \hline 891 \end{array}$$

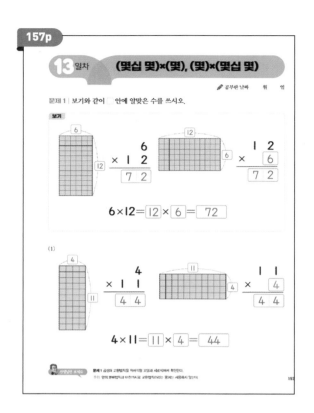

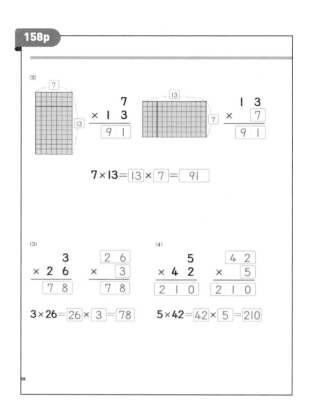

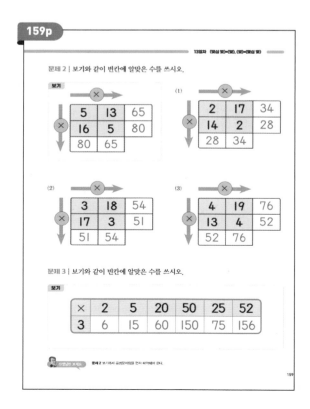

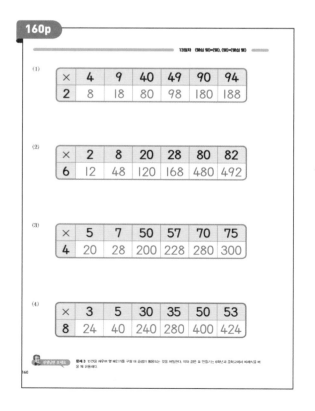

161p

14 일차 여러 가지 곱셈 문제

✏ 공부한 날짜   월   일

문제 1 │ 보기와 같이 틀린 문제를 고치시오.

보기

```
    1
  4 6
×   2
  8̶ 2
  9
```

(1)
```
    1
  2 5
×   3
  6̶ ̶X̶ 5
  7
```

(2)
```
    2
  1 7
×   4
  3̶ 8
  6
```

(3)
```
    4
  3 6
×   8
2 4̶ 8
  8
```

(4)
```
    3
  2 4
×   9
  ̶X̶ 8 6
  2 1
```

(5)
```
    5
  4 8
×   7
3 2̶ 6
  3
```

(6)
```
    1
  5 9
×   2
  2̶ 8
  1
```

(7)
```
    1
  9 3
×   4
3 6̶ 7̶
  7 2
```

(8)
```
    1
  8 2
×   5
5̶ 0 0
  4 1
```

선생님의 조언 **문제 1** (몇십몇)×(몇)의 곱셈 연습입니다.

161

162p

문제 2 │ 보기와 같이 틀린 문제를 고치시오.

보기

```
  4
    6
× 3 7
X̶ 2 2
2
```

(1)
```
  1
    4
× 2 3
8̶ X̶ 2
  9
```

(2)
```
  1
    2
× 1 9
2̶ X̶ 8
  3
```

(3)
```
  3
    7
× 3 5
2 3̶ 5
  4
```

(4)
```
  3
    8
× 6 4
4̶ 1 2
  5
```

(5)
```
  5
    9
× 4 6
3 6̶ 4
  4 1
```

(6)
```
  2
    3
× 3 7
9̶ 2 1
```

(7)
```
  4
    5
× 8 9
  8̶ 5
  4 4
```

(8)
```
  4
    6
× 7 8
4 2̶ 8
  6
```

선생님의 조언 **문제 2** (몇)×(몇십몇)의 곱셈 연습입니다.

162

163p

16일차   여러 가지 곱셈 문제

문제 3 │ 문제를 읽고, 알맞은 식과 답을 쓰시오.

(1) 의자가 14개씩 7줄로 놓여 있습니다. 의자는 모두 몇 개일까요?

식: $14 \times 7 = 98$

답: 98 개

(2) 밤이 35개씩 8상자 있습니다. 밤은 모두 몇 개일까요?

식: $35 \times 8 = 280$

답: 280 개

(3) 구슬이 96개씩 4상자 있습니다. 구슬은 모두 몇 개일까요?

식: $96 \times 4 = 384$

답: 384 개

선생님의 조언 **문제 3** 똑수누기 상황을 곱셈으로 이해하고 답을 구할 수 있다면 충분합니다.

163

164p

16일차   여러 가지 곱셈 문제

(4) 6명의 아이에게 사탕을 각각 18개씩 주려면 사탕이 몇 개 필요할까요?

식: $6 \times 18 = 108$

답: 108 개

(5) 7일 동안 하루에 29문제씩 해결했습니다. 모두 몇 문제를 해결했을까요?

식: $7 \times 29 = 203$

답: 203 문제

(6) 9일 동안 하루에 78분씩 걸었습니다. 걸은 시간은 모두 얼마인가요?

식: $9 \times 78 = 702$

답: 702 분

164

무엇이든
물어보세요!

박영훈 선생님께 질문이 있다면 메일을 보내주세요.

slowmathpark@gmail.com

박영훈의 느린수학 시리즈 출간 소식이 궁금하다면,

*slowmathpark@gmail.com*로
이름/연락처를 보내주세요.

연락처를 보내주신 분들은 문자 또는 SNS,
이메일을 통한 소식받기에 동의한 것으로 간주하며,
<박영훈의 느린 수학>의 새로운 소식을 보내드립니다!